JN299343

ソーシャルグラフの
基礎知識
繋がりが生み出す新たな価値

春木良且

新曜社

はじめに

おそらく本書の読者は，Facebook のトップページ（http://www.facebook.com/）を見たことがあると思う．そこには，図 0-1 に示すような点と線で結ばれた不思議な画が描かれている．おそらくこの意味することは想像がつくとは思うが，それが本書のテーマである．

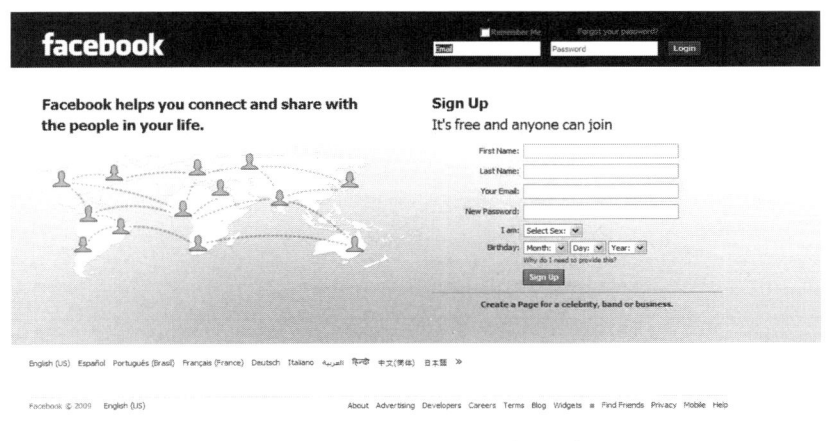

図 0-1　Facebook のトップページ

IT の世界で，ここ数年の最も重要なトレンドは，言うまでもなくソーシャルメディアだろう．数年前には mixi が話題になったし，最近では，Twitter や Facebook が，ビジネスの世界のみならず，世界レベルで，政治，社会など様々な領域をも巻き込んで大きな話題になってきている．さらに，端末としてスマートフォンやタブレット型 PC の普及が，その傾向に拍車を掛けているという点も見逃せないだろう．しかし，ソーシャルメディアとは何かと言えば，想定するシステムによって，その定義は異なってしまう．Facebook や Twitter，mixi など，ソーシャルメディアの範疇に

入るシステムは様々存在するが，ユーザから見た機能としては，それらに何か共通する機能があるとは思い難いのではないだろうか．

　技術的に見た場合，ソーシャルメディアはWebアプリケーションのひとつでしかなく，特に先端的な技術が用いられているといった類のものではない．それぞれのシステムでは，様々な工夫が施されて仕様が作られてはいるが，主にサーバ側で稼動し，クライアント側とはHTTPという通常のWebと同様のプロトコルでやり取りしながら，ブラウザ上で利用することが可能なシステムであり，他のWebアプリケーションと比べて，より多くのユーザが情報の編集に関与する点を除けば，顕著な特徴はない．そのため，例えばFacebookやTwitterの入門書を読んだり，実際に使ったりしたとしても，ソーシャルメディアそのものは理解できないかもしれない．

　そもそも，ソーシャルメディアの本質はどこにあるのだろうか．なぜ，ソーシャルメディアが注目されているのだろう．端的に言えば，それは本書のタイトルにも含まれる「ソーシャルグラフ（Social Graph）」にある．ソーシャルメディアとは，そのソーシャルグラフを扱うシステムの総称である．そのように定義しなければ，ソーシャルメディアの特性やその本質はわからないとすら断言できる．mixiもTwitterもFacebookもその他のソーシャルメディアも，具体的な関わり方は異なるが，ソーシャルグラフを作り上げたり，使ったり，分類，整理したりするなど，様々な形でソーシャルグラフを用いるシステムである．ソーシャルグラフの観点から見てみると，今市場にあるソーシャルメディアの位置づけが整理され，さらに必要なもの，今後出てくるであろうものが見えてくる．何よりも，それぞれのシステムの本質的な機能や，その応用可能性が理解できるはずである．極論すれば，個々のシステムの仕様にいくら詳しくなったとしても，ソーシャルメディアの本質的な理解はできないとも言えるだろう．

　では「ソーシャルグラフ」とは，一体何だろうか．これが本書のテーマだが，一般には「ネット上の人々の繋がりを表現したもの」を意味するものと捉えられている．しかし，誰かと誰かがネット上で繋がりを持っているということを明らかにしても，得るものはあまりない．せいぜい，個人

的な好奇心が満たされる程度かもしれない．

　ポイントは，その繋がり関係を成立させている理由にある．人間同士に関係がある場合，そこには必ず何らかの理由がある．それこそ偶然知り合ったとしても，偶然を生み出した理由や，関係が継続する理由が存在するはずである．端的に言えば，ソーシャルグラフは，人々がなぜ関係を持っているのか，どういう関係なのか，その人間の関係を成立させている理由や内容に基づき，繋がりを抽象化したものである．統計学の用語を使えば，「有意性（Significance）」のある関係が記述されたものであり，ソーシャルグラフの応用可能性は，それによって生まれてくる．つまり，ソーシャルグラフとは「ネット上の人々の有意味な繋がりを抽象化して記述，蓄積したグラフ」と定義される．ここで言うグラフとは，棒グラフ，線グラフなどのグラフではなく，数学者オイラーによる「グラフ理論（Graph Theory）」に基づいた，ネットワークを抽象化したモデルを意味する．本書では，そのソーシャルグラフの実態，ソーシャルグラフの機能，ソーシャルグラフの抽出，そしてソーシャルグラフの応用について述べることにする．

　なお，一般的には個々のシステムをソーシャルネットワーキングサービス（SNS）と呼ぶが，本書では特定のシステムを扱わないので，ソーシャルグラフを扱うシステムの総称として，ソーシャルメディアという用語を使う．情報メディアには，マスメディア，パーソナルメディアといった区分があるが，ソーシャルメディアは，それらと並んで称されるものではない．関わる人々のコミュニケーションが集約されて，結果的にメディア化しているというのがその実態と言えるだろう．

目　次

はじめに　　i

1章　ソーシャルグラフとは何か　　1
1. ソーシャルメディアとコミュニティ　　1
1.1. ソーシャルメディアとは　　1
1.2. コミュニティの特徴と実態　　2
1.3. コミュニティの支援機能　　7
2. モデルとしてのグラフ　　9
2.1. オイラーとケーニヒスベルグの橋　　9
2.2. 人のグラフとその特徴　　13

2章　ソーシャルグラフの機能　　21
1. ソーシャルグラフの背景と問題意識　　21
1.1. ソーシャルメディアとコールドスタート問題　　21
1.2. モジュールとしてのソーシャルグラフ　　26
1.3. ソーシャルグラフとマッシュアップ技術　　30
2. ソーシャルグラフで明らかになる関係性　　34
2.1. ネットワークの外部性と収穫逓増　　34
2.2. ソーシャルグラフと繋がりの特徴　　37
2.3. ネットワークの中心　　42
2.4. ソーシャルグラフはスモールワールド　　44
2.5. べき分布とロングテール現象　　49
2.6. 弱い紐帯の強さ　　54

3章　ソーシャルグラフはどう作られるか　　59
1. ソーシャルグラフの実態　　59
1.1. ソーシャルネット中のソーシャルグラフ　　60
1.2. 属性によるソーシャルグラフの構築　　65

         1.3. ソーシャルグラフの特徴　　　　　　　　　　　69
      2. ソーシャルプロフィールの取得とグラフの構築　　76
         2.1. グラフ API と仕様争い　　　　　　　　　　　76
         2.2. ソーシャルプロフィールの分析による関係の抽出　81

4章　ソーシャルグラフはどう使われるのか　　　　　　87
      1. 繋がりの解明　　　　　　　　　　　　　　　　92
         1.1. リスニング型ソーシャルリサーチの可能性　　93
         1.2. インフルエンサーは誰か　　　　　　　　　　97
      2. 繋がりが生み出す新たな価値　　　　　　　　　106
         2.1. 検索システムとしてのレコメンダシステム　　106
         2.2. E コマースでのソーシャルグラフ　　　　　　112
      3. ソーシャルグラフ上の集合知　　　　　　　　　116
         3.1. Wikipedia に見る情報のフィルタリング　　　120
         3.2. ソーシャルなデマと欠陥情報の修正　　　　　124
         3.3. 集合知による問題解決　　　　　　　　　　　130
         3.4. 群衆の知恵としてのソーシャルグラフ　　　　135
      4. ソーシャル・ディジタルセルフと自己分析　　　139
         4.1. ディジタルセルフ研究の経緯　　　　　　　　139
         4.2. ディジタルセルフの整理と分析　　　　　　　143

5章　まとめ —— 個人情報とソーシャルメディア　　　151

おわりに　155
文　献　159
索　引　163

装幀＝虎尾　隆

1章
ソーシャルグラフとは何か

1. ソーシャルメディアとコミュニティ

1.1. ソーシャルメディアとは

　本書ではソーシャルメディアを「ソーシャルグラフを用いるシステムの総称」と定義するが，一般にソーシャルメディアそのものに関しては，文献によってその定義はまちまちである．特にFacebookやTwitterなど特定のシステムの機能とソーシャルメディアそのものが混同されている傾向もあり，その場合，ソーシャルメディアとして想定する特定のシステムの違いによって，その定義内容も異なってしまう．さらに，そのシステムの機能に着目するものと，その機能の具体的な実現方法に着目するものがあり，一括りにして捉えることはできない．例えばWikipediaでは，「誰もが参加できるスケーラブルな情報発信技術を用いて，社会的インタラクションを通じて広がっていくように設計されたメディア」（2012年6月現在）といった説明がなされている．この場合，その実現方法を中心に定義をしている．

　アメリカでは，2004年前後から，電子掲示板やブログ，ウィキ（Webによる文書の共同編集システム）などの他，通販サイトのカスタマーレビューなどのように，複数の人々による情報発信を支援するシステムが登場してきた．さらに，FacebookやMyspace，Twitterなどに代表される，直接的に人々の関係性を前提とした，ソーシャルネットワーキングサービスと呼ばれる一連のシステムが注目を集めるようになっていった．これらの，単な

る情報発信ではない新しい形のWebサービスを，当時は「ユーザ生成コンテンツ・UGC（User-Generated Contents）」や「消費者生成メディア・CGM（Consumer-Generated Media）」と呼んでいたが，2006年頃からソーシャルメディアと称するようになってきている．Wikipediaには，「英語版Wikipediaに"Social media"が登場したのは2006年7月9日である」（2012年6月現在）との記述がある．またその詳細は後述するが，ソーシャルメディアを代表とする新しいWebのあり方を「Web2.0」と総称することもある．

このように「ソーシャルメディア」とは，Webを用いた情報発信が，多数の関与者によってなされるようなサービス全般を指すが，具体的な定義がなく使われている用語である．厳密な定義による技術用語ではないが，技術的なニュアンスを持った概念を示す言葉を「バズワード（Buzz Word）」と呼ぶが，確かに，想定しているシステムによって，またそのどこに着目をするかによってソーシャルメディアの定義内容は異なってくるので，バズワードの一種と言えるかもしれない．

最も重要なのは，ソーシャルメディアに含まれるシステムが，その機能を用いて，ユーザの間での「繋がり」を生成したり，強化したり，あるいはそれを利用することが可能となるという点にある．それは，ソーシャルグラフを構築することであり，さらにそれによって実現されることでもあるが，ソーシャルグラフ自体は決してバズワードではなく，明確な技術用語である．そのため，ソーシャルメディアを「ソーシャルグラフを扱うシステムの総称」と定義することで，曖昧なバズワードではなくなるということをまず指摘する．

1.2. コミュニティの特徴と実態

元々人間の繋がりには，様々な形態がある．集団，グループ，組織，チーム，閥など，繋がった人々を称する用語はたくさんあり，それぞれはその目的性や根拠，形態などが異なっている．現実世界では，これらは区別されるのだろうが，それがソーシャルメディアによって扱われソーシャル

グラフとして記述された場合，後述するように，人とその繋がりだけで全てが表現される．このように，ソーシャルメディア上で抽象化された繋がり関係そのものを，「コミュニティ（Community）」と総称している．人々のコミュニティを IT で支援するのが，ソーシャルメディアの重要な機能だと言っても過言ではない．

しかし実際の人間関係で，全てが均等な繋がりということはまず考えられない．ソーシャルグラフ中には，様々な種類やレベルの纏まりが含まれているはずである．こうしたソーシャルグラフ中にある纏まり自体も，コミュニティと呼んでいる．ネットワーク研究では，2005, 6 年頃から，特にソーシャルメディアに関連して，ネット中にあるコミュニティの定義やそれに基づいた関連研究がなされてきている．しかしコミュニティそのものに関しては，「コミュニティ内は密」，「コミュニティ間は疎」という曖昧な定義しか合意されていないというのが実際である．この場合の「密・疎」は，繋がりの有無を意味することが多い．しかしソーシャルメディアにおいては，繋がりは情報が伝わる経路の存在を意味しているが，それがそのまま情報の伝播や関係性の強さをそのまま意味するわけではない．つまり，繋がりの密・疎だけでは，人間のネットワークの本質を明らかにすることはできない．

ソーシャルグラフを理解するためには，人間同士の繋がりそのものを考察する必要がある．元々「コミュニティ」とは，主に社会学の領域で用いられる用語であり，狭い意味で言えば，同じ地域に居住している人々が（地域性），政治や文化などを共有するような（共同性），いわゆる「地域社会」を意味する．『コミュニティ論 ── 地域社会と住民運動』（倉沢進）では，コミュニティの条件として，①「共同性」と ②「地域性」の他に，③「繋がり性」を挙げている．この「繋がり性」とは，コミュニティ内の関係性に対して，構成員が自覚的であること，つまり帰属意識を持つことを意味する．帰属意識は，何らかの共同性と地域性を持った人々の間に生まれるような，コミュニティの機能でもある．広い意味では，欧州共同体やアフリカ連合などに見るように，国際的な連帯関係や，ネットワーク上での関係なども，コミュニティに含まれる．その場合，地域性や共同性よ

りも，繋がり性にフォーカスが当てられている．ソーシャルメディア上のコミュニティは，もちろんネットワーク上での関係だが，この広義のコミュニティの中に含まれる．

> コミュニティの要件：
> ① 共同性
> ② 地域性
> ③ 繋がり性

ソーシャルメディアには，コミュニティを作成したり，コミュニケーションの支援をするなどの重要な機能があるが，ではソーシャルメディア上のコミュニティには，どのような特性があるのだろうか．社会学では，現実世界のコミュニティを，大きく2つに分類して捉える．地縁や血縁，交友関係などで結びついた伝統的社会の形態を「ゲマインシャフト（Gemeinschaft）」と呼び，近代国家や都市，さらに企業など人為的に作られた社会を「ゲゼルシャフト（Gesellschaft）」と呼ぶ．後者は，特定の目的を実現させるために成立する利益社会であり，まさに企業はその典型例である．

これは元々，20世紀初頭のドイツの社会学者フェルディナンド・テンニース（Ferdinand Tönnies）による分類で，社会の近代化が進むことにより，人々の繋がりはゲマインシャフトからゲゼルシャフトへ移行していき，その結果として利害関係を中心とした関係に基づく功利的な社会になり，人間関係は疎遠になると指摘した．この考え方は，産業革命から工業化社会の成立に至る，近代の産業資本主義による社会の進展と人々の関係を明確に説明づけるものであり，人々の繋がりや共同体，組織などを考えるにおいては，重要な前提となっている．前者のゲマインシャフトでは，人々の繋がりに目的性がないため，構成員の帰属意識や満足感を高めることなどが，組織の中では重要なものとなるが，後者では組織が持つ目的の実現が課題となる．

言うまでもなく，ソーシャルメディアによって扱われるコミュニティに

はその両者が含まれるが，そのコミュニティがどちらの色彩が強いかによって，ソーシャルメディアに期待される機能は異なっている．前者を支援するものとしては，主にブログやコメント，メッセージ，写真やデータの共有など，コミュニケーション機能を中心にしたものがあり，一般にソーシャルメディアの機能といった場合，これらを指すことが多い．しかし，後者のゲゼルシャフトにおいては，単に情報の共有やコミュニケーションだけでは，組織が本来的に持つ目的に対する支援にはならず，そのためにソーシャルメディアには，様々な機能や仕掛けが要求される．つまり，本来の人々の繋がりの考察を抜きに，ソーシャルメディアの機能を考えることはできない．

さらに筆者らの調査では，元々現実に交友関係にあったものがネット上でもコミュニティ化する場合と，主にネット上で成立していくコミュニティの2種類が存在する．現実的な交友関係は，テンニースが明らかにしたように，職業や学校，血縁関係などに基づくものである．これは，所属や経歴などとして，関係が現実的に顕在化している場合が多い．しかし特にソーシャルメディアで特徴的なコミュニティとして，後者のネット上を中心に成立していく繋がりも存在する．

例えば，価値観やライフスタイル，思想，信条，さらには趣味や性格など，人々の内面は，現実世界においては顕在化し難い．しかしネット上では，現実世界と切り離された，いわば仮想的な関係として，こうした内面を共通にする人々のコミュニティも成立する．ソーシャルメディアの中でも，個人のプロフィールの記述に文字数の制約などがあるTwitterでは，しばしばアイコンに，特定の政党のシンボルや国旗など，こうした内面を示すような情報を付加させる例が多い．しかし現実世界では，人々が自らの内面を示すような外見を纏うような例は，あまり見ることはできないだろう．こうした内面に基づく関係は，主にネットワーク上で作られる関係である．つまり現実の交友関係も含むが，さらにそれらを超えてコミュニティ化していくのが，ソーシャルメディアの特徴である．その意味では，ネットワーク上で形成されるコミュニティにおいては，地域性とは心理的な距離を意味するものと言える．

では，ソーシャルメディア上のコミュニティにおける，共同性や繋がり性の実態は，どのように捉えるべきであろうか．それに対する特に重要な観点は，マーケティングの領域での人々の分類である．そこでは，人々の属性を「デモグラフィック変数」と「サイコグラフィック変数」の大きく2つの変数で定義し，人々を分類していくことをしばしば行う．

　デモグラフィック変数とは，人々を特徴付ける人口統計的変数のことで，具体的には，大きく性別，年齢・世代，家族構成など，個人の基本データの他に，学歴や職歴など社会的要素，国や民族，地域などジオグラフィック要素，そして血液型その他のフィジカル要素などが含まれる．またサイコグラフィック変数とは，価値観，ライフスタイル，信条，好み，性的指向など，内面的な心理的特性を示すもので，前述のように，現実世界ではあまり顕在化せずに，ネットワーク上で作られることが多く，人々の関係を生み出すベースともなる．

```
① デモグラフィック変数
    ・社会的要素
    ・ジオグラフィック要素
    ・フィジカル要素
② サイコグラフィック変数
   （内面的な心理特性）
```

　特定の人々の間で，これらの属性を表す変数値が共通している場合，そこには共同性が生じ，人々がその属性に関しての繋がり意識，帰属意識を持った場合コミュニティが成立する．例えば，同じ職業や世代であったり，あるいは同じ趣味や政治的な信条を持つなど，人々の間でこれらの変数の値が共通している場合，そこには共同性が生じていると考えられる．さらに，それらの値が共通していなくても，相互に関係する変数値をとる場合にも，何らかの共同性を見ることができる．例えば，学生と教員や医者と患者，親子など，属性そのものに関係性が含まれている場合が指摘できる．

　これらの詳細については後述するが，人々の間でのデモグラフィック変

数，サイコグラフィック変数で表される相関関係が，コミュニティの実態と言えるだろう．現実的な交友関係に基づいたコミュニティは，主にこのデモグラフィック変数に基づくものであり，価値観に基づくものは，サイコグラフィック変数によるコミュニティである．

　主要なソーシャルメディアで言えば，例えば Facebook は，主にユーザのプロフィールとして学歴や職歴，地域などデモグラフィック変数を登録することが可能であり，さらにそれに基づいて人々を結びつける機能がある．Twitter では，どちらかと言えば話題や出来事などに対する意見など，サイコグラフィックを中心に人々の関係が構築されている．

　ソーシャルメディアは，こうした共同性を強調することによって，人々に繋がり性，帰属意識を提供する役割を果たしている．これがソーシャルメディアのコミュニティ機能の実態である．人々は意味もなく繋がりを持つのではなく，このように何らかの理由に基づき関係を持つようになる．ソーシャルグラフにおいては，人々の繋がりの有意性をどう考えるかが，重要な観点となるのである．

1.3. コミュニティの支援機能

　前述のようにソーシャルメディアの範疇に入るシステムは数多くあるが，それらは，コミュニティに対して，何らかの支援を行う機能を果たしている．ソーシャルメディアの機能に関しては，様々な観点で整理ができるが，ここでは，① コミュニティ関係そのものの構築を支援する機能と，② コミュニティ内での情報交換を支援する機能の2つが指摘できる．

　両者は厳密には分けられないが，前者のコミュニティの構築支援機能には，さらに，コミュニティ内の繋がりを拡げていくものと，深めていくものの2つの方向性がある．Twitter では，自由に繋がり関係を自らが設定できるので，現実の人間関係などとは無関係に，ネット上のコミュニティを拡げていく方向にあるが，mixi や Facebook では繋がりの設定は承認が必要であり，その意味では繋がり関係を深める方向にあると言えるだろう．

> ① コミュニティ関係の構築支援
>   ・繋がりの拡張
>   ・繋がりの深化
> ② コミュニティ内での情報交換支援

　後述するように，人間の繋がりはスモールワールド性という特殊な性質を持っている．特にこの機能に関しては，それらの性質をシステムによって拡張させるという点が重要であり，その詳細については，「2章 2.3. ソーシャルグラフはスモールワールド」で述べることにする．また後者の情報交換機能に関しては，システムによって，リアルタイム指向，マルチメディア指向，さらに発信者の単独指向，協調指向（双方向）といった様々な特徴がある．例えば Twitter は，単独かつリアルタイム指向の仕様を持っている．各システムの仕様の違いは，コミュニティに対する支援機能の違いと言ってよいだろう．しかし現在では，各システムが API（Application Programming Interface）を公開しており，それを用いた様々なサービスと接続することで，機能が拡大してきている．API とは，主にシステム開発者によって使われる技術用語で，特定のシステムの持つデータや機能を，別のシステムから利用するためのインタフェースのことである．そのため個々のシステムの仕様レベルで比較してもあまり意味はないし，またユーザの使い方や意識にも依存するので，これに関しては詳細には述べない．

　このように，サービスの利用を通じて人々の繋がりの構築を支援するシステムが，ソーシャルメディアである．現在では9億人以上のユーザを持つ Facebook と，日本において最初にソーシャルメディアを標榜して登場してきた mixi，そして 2011 年の震災などを契機に急激に注目を集めてきた Twitter の3つが，主要なソーシャルメディアとして捉えられており，通称 3S（Social Media）と呼ばれることもある．

　筆者らの調査では，多くのユーザは SNS の機能に基づき使い分けを行っており，その結果として蓄積されるデータには，システム毎に特性がある．カタルシスなど内面的なデータが多い Twitter や，日々の行動，反応

記録としての側面が強い mixi，公的な属性を中心とした Facebook など，各々の仕様によって，ユーザが蓄積する情報の性質が異なっている．

さらに，人々の繋がりによって生まれた価値を利用するサービスも，ソーシャルメディアの範疇で捉えることもできる．例えば Google の検索エンジンや，EC サイトアマゾンのレコメンデーション，楽天の関連商品などが，それに含まれる．その他にも，ネット上だけではなく，社会にある既存のサービス中にある人々の繋がりを利用したり，それらを支援するようなシステムも，ソーシャルメディアの一種と考える事が出来るだろう．その例としては，カラオケ店の顧客をコミュニティ化するソーシャルサイト「うたスキ」などがある．

これらは，機能的に見れば，作られているソーシャルグラフを用いたシステムであり，ソーシャルメディアの応用システムと言っていいだろう．これらに関しては，「2. ソーシャルグラフの機能」の章で述べることにする．

2. モデルとしてのグラフ

2.1. オイラーとケーニヒスベルグの橋

ソーシャルグラフは，コミュニティなど様々なレベルの人の結びつきを抽象化して記述したものである．元々グラフとは，数学の世界で，「繋がっているもの」を抽象化して表現するために生み出された考え方で，その起源は 18 世紀にまで遡る．1736 年に，スイスの数学者，レオンハルト・オイラー（Leonhard Euler）によって，通称「ケーニヒスベルグの橋渡り」と呼ばれる問題を例として，明らかにされたものである．

当時のプロイセン王国の首都ケーニヒスベルグ（現ロシア連邦カリーニングラード・Königsberg）という街には，プレーゲル川という大きな川が流れており，川の中州にあるクナイプホッフ島に向けて，7 つの橋が架けられていた．それらの橋を 2 度通らずに，全て渡って元の場所に帰ってくることができるか，これが「ケーニヒスベルクの橋渡り」としても知られて

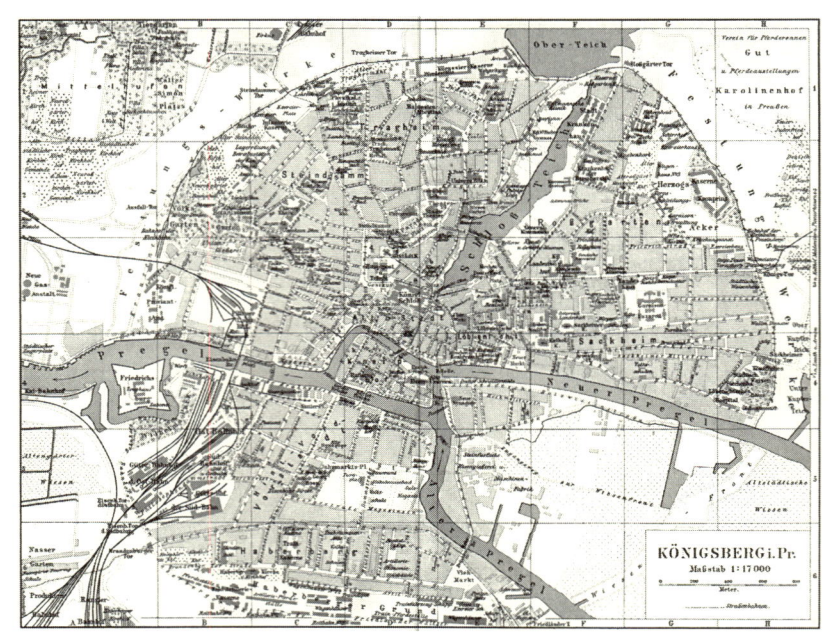

図 1-1　ケーニヒスベルグの地図（18 世紀）

いる，元々の問題設定である．

　図 1-1 に示すのは，当時のケーニヒスベルグの地図である．これを見ると，川と橋の関係と，問題設定がより具体的に理解できるだろう．そもそも「地図」とは，元々の地形をそのまま表現したものではなく，実際の地形を一定の規則に基づいて表現したものである．図 1-2 は，同じ場所を Google Maps (http://maps.google.co.jp) の航空写真で見た，現在の様子である．そこでは，川の流れや橋だけではなく，街にある建物や緑地帯など，様々なものを見ることができる．しかし地図からはそうした現実にある細々としたものは省略されているため，その街の道路や地形などを把握するという目的に適ったものとなっている．地図のように，何らかの目的のために，物事を抽象化して表現したものを，「モデル」と呼ぶ．

　この地図からクナイプホッフ島の部分を切り取ったものが図 1-3 である．さらにここから，橋と川だけに焦点を当てて表現すると，図 1-4 のように

1章　ソーシャルグラフとは何か

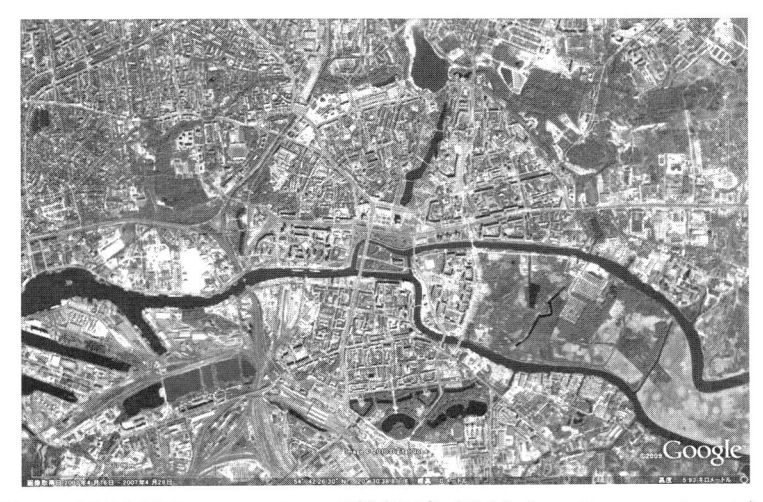

図1-2　同じ場所の Google Maps の航空写真（現在）（http://maps.google.co.jp）

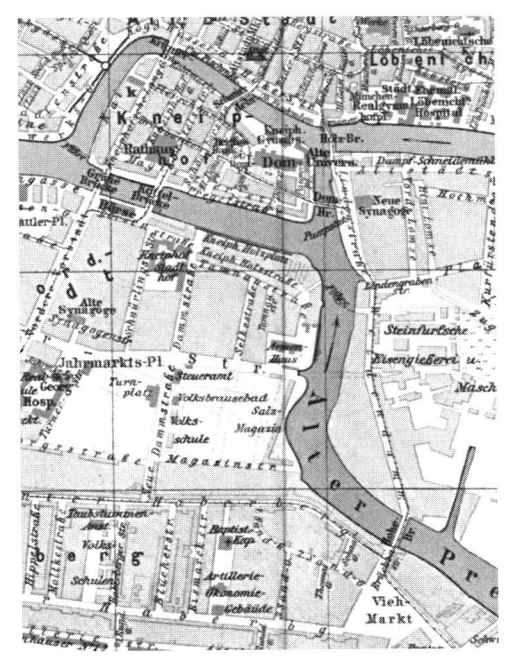

図1-3　図1-1の地図からクナイプホッフ島の部分を切り取ったもの

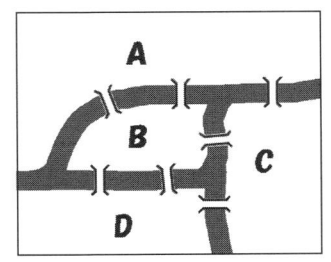

図1-4　橋と川だけに焦点を当てた表現

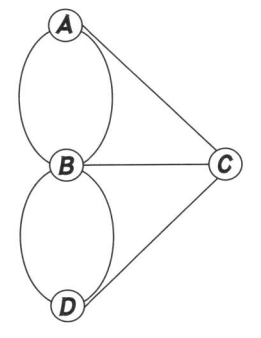

図1-5　グラフによる表現

なるだろう．この図1-4は，地図をより抽象化したものであり，実際のケーニヒスベルグの街の様子からは離れていくが，逆に問題そのものはより理解しやすくなるはずである．

オイラーはこの問題に対して，さらに陸の広さや形，橋の具体的な位置などを抽象化して，図1-5のように，陸の部分を頂点とし橋を辺とする，より抽象化した図を作り上げた．繋がりのあるモノを，点と線によってできた図形に抽象化して考えるこうしたモデルを「グラフ（Graph）」と呼び，点の部分を「ノード（Node）」，辺を「アーク（Arc）」と呼ぶ．この点を結ぶ辺が，一筆書き可能ならば，橋を重複せず全てわたる道が存在するということとなるが，元々の地図と比べると，グラフの表現の抽象度の高さがわかるであろう．一見すると図1-3と図1-5が同じものを表現しているようには思えないが，この問題だけを考える場合には，明らかに図1-5に示されたモデルの方が有効である．

ただし，図式表現のままでは数的な処理を行い難いため，数列を用いてグラフを表現することが多い．ケーニヒスベルグの橋で考えると，陸を示す点は4つあるが，それぞれを順番にA～Dで示すと，陸相互を結んでいる橋の数を，以下の表1-1のように示すことができる．

表1-1　グラフの数列表現

	A	B	C	D
A	0	2	1	0
B	2	0	1	2
C	1	1	0	1
D	0	2	1	0

各点の交点の数字は，橋の数を示している．例えばA列B行は，ノードAとBを結ぶアークの数であり，B列A行とは同じ橋を示している．またA列A行は，同じ陸に帰ってくる橋となるが，この問題には存在していない．図1-5と表1-1は，同じグラフを示しているが，このようにして表現された数列は，図式表現されたグラフよりも，計算などの処理が行

いやすいので，コンピュータではしばしば使われる．

　この抽象度の高いグラフのモデルを使うことで，橋の姿だけではなく，何かが繋がっている状態を表現できるということが重要である．例えば関係や構造といった言葉で表現されている様々な現象は，基本的に何らかの繋がりを含んでいると言ってよいだろう．情報技術における通信ネットワークはもちろんのこと，人間関係や企業活動，人々の購買行動など社会的事象だけでなく，遺伝子の構造や伝染病の拡散など生物学的な事象や，言葉の語彙の繋がりなど，様々な事象に対して，グラフに基づいたモデルを適用し，問題を考察することができる．

　こうした手法を「ネットワーク分析（Network Analysis）」と呼び，実際に，社会学や経済学，経営学，人類学，歴史学，心理学，さらには医学や言語学など，様々な分野で用いられている．特に社会的な関係により結びつけられた個人や組織からなる社会的な構造を「社会的ネットワーク（Social Network）」と呼ぶが，そこでは，グラフのことを「ソシオグラム（Sociogram）」と呼んでいる．

　このように，繋がりのあるものをグラフとして表現すると，数学的に処理することが容易になり，そのネットワークの特徴を明らかにすることができる．グラフは点と線から構成されるが，点は何らかの存在や実体を表し，線は点の間の何らかの結びつきや繋がりを意味する．点をノードと呼ぶが，「ポイント（Point）」や「頂点（Vertex）」という呼び方もある．さらに線のうち，方向性を持たないものを「辺（Edge）」と呼び，辺で構成されるグラフを無向グラフと呼ぶ．また，矢印のように方向性を持つものを「弧（Arc）」と呼び，弧で構成されるグラフを有向グラフと呼ぶ．特に社会ネットワークの分野では，線を「紐帯（Tie）」と呼ぶこともある．

2.2. 人のグラフとその特徴

　ソーシャルグラフは，このグラフモデルを使って，特に人々の様々な社会的繋がり関係を表現したものである．そこでは個々の人がノード（点）となり，人々の間の繋がりがアーク（線）として表現される．そして，そ

の線に従って情報が伝わっていくものと考える．一般にソーシャルグラフは，無向グラフで表現されるが，有向グラフを使えば，情報の流れや知り合い関係などが表現できる．ソーシャルメディアで言えば，Twitter は一方的にアークを張ることができるが，Facebook や mixi では，関係を成立させるために承認が必要であり，そこでは有向グラフが双方向に張られる構造をとる．

　ソーシャルグラフとは，基本的にそれだけのものでしかない．しかしそれによって，表現され理解できるものは，とてつもなく大きい．図 1-6 の写真は，Google Maps 中からの引用であるが，前述のケーニヒスベルグの街にあるプレーゲル川の岸から，中州にあるクナイプホッフ島とそこに架かる橋のうちのひとつの，現在の様子を写したものである．このように，陸地のある地点から見ると，そこから繋がっている所しか見えない．例えばこの島の反対側の様子や，他にいくつの橋が島のどこに繋がっているのかなどは，全くわからない．つまり1つのノードからは，そこから直接繋がっている他のノードしか見えない．人間の関係においても，基本的には

図 1-6　プレーゲル川の中州にあるクナイプホッフ島に架かる橋のひとつの現在の様子（Google Maps より）

自らの知り合いしか把握できない．しかし，ソーシャルグラフとして表現すると，その人間の関係を，あたかも地図のように，俯瞰して見ることができるのである．

特に社会的ネットワーク研究では，その人の属性ではなく，その人が社会の中で占める位置が重要な考察対象となるが，ソーシャルグラフでも，人の繋がり関係のみが重視されて表現される．つまり人間をグラフ化したソーシャルグラフは，社会における人々の行動は，その人を取り囲む関係構造によって決定されるという，仮定に基づいているのである．ただし後述するように，行為者の属性（職業や地位など）や内面，心理的側面など，関係構造としては表現されない要素は，人々の関係そのものを規定するため，特にソーシャルグラフでは重要な考察対象になる．

ではこのように，人々の繋がりをグラフでモデル化することで，どういうメリットがあるのだろうか．つまり，ソーシャルグラフには，どのような役割があるのであろうか．これはソーシャルメディアそのものの機能とも関わってくるが，人間を中心にしてモデル化することによって，そのネットワークの特徴を明らかにし，その繋がりの中の情報の流れやその効果などを，把握するためのベースとなるという効果がある．それはあたかも，橋の地図から余計なものを捨て去ることで，数学的に理解することができるようになったことと同じである．グラフモデルは抽象度が高く，点と線で記述することで，その繋がりに含まれる余分な性質は捨て去られてしまうのである．

ソーシャルメディアの世界でグラフモデルを用いる試みは，2007年5月に米 Facebook の創業者であるマーク・ザッカーバーグ（Mark Zuckerberg）が行った，同社主催の「f8デベロッパーカンファレンス」での提案が，その切っ掛けだと言われている．さらに，米国のブラッド・フィッツパトリック（Brad Fitzpatrick）というエンジニアが，2007年に「Thoughts on the Social Graph」という論文で，ソーシャルグラフの意義と役割について，重要な提案を行い，注目を集めるようになったということも指摘できる．

2004年前後から多くのソーシャルメディアが登場してきたが，その中

でも Facebook は，多くのユーザを獲得した，最もメジャーなシステムと言われており，2012 年 4 月の時点ではユーザ数が 9 億 100 万人に達したと発表された．最近では，「中国，インド，フェイスブック」という言葉もあり，Facebook は，1 つの国家にも譬えられてもいる．

　Facebook のみならず他の SNS 中には，ユーザのプロフィールから始まり，ユーザ同士の友人関係や，職業での関係性など，様々な繋がり関係が蓄積されており，さらにそれらの間でのコミュニケーションが記録されている．それらユーザ間の関係を，グラフ構造で再構成して表現したソーシャルグラフを用いることで，ユーザに対して，その関係に基づいた高度なサービスを提供する可能性を持つというのが，それらの提案の趣旨であった．

　ソーシャルメディアは人々の繋がりを機能の本質とするため，グラフモデルを使って，システム上における人々の相関関係を明らかにしていくことができる．そこでは人々は点で示され，その関係が線で示されるので，ソーシャルグラフと言えば，おそらくはケーニヒスベルグの橋を描いたものと同じような，図 1-7 のようなイメージを抱くだろう．これは，英語版 Wikipedia 中の「Social network analysis（社会ネットワーク分析）」の項で用いられている，「A social network diagram」と題された図である．実際ソーシャルグラフの説明では，こうした図をしばしば見るし，図 0-1 でも示したように，Facebook のトップページにも，同様のイメージが描かれている．これを「グラフ図（Graph Diagram）」と呼ぶが，これはソーシャルグラフの全てを表した図ではなく，その 1 つの側面しか示してはいない．またソーシャルグラフをこういったものと理解してしまうと，その構造や本質を見失ってしまう．

　ソーシャルグラフの概念や意義などは広く議論されているが，実はその表現方法に関しては，ほとんど考察されていないため，標準的な表記法も存在しない．このグラフ図の表記が一般的ではあろうと思われるが，あくまでもこの図は，グラフの全体構造を示すものであって，そのネットワークの構造や特徴を視覚的に明らかにするには有効である．しかし，その中にあるコミュニティやグループなどの，人々の繋がり関係をそのグラフ中

1章 ソーシャルグラフとは何か

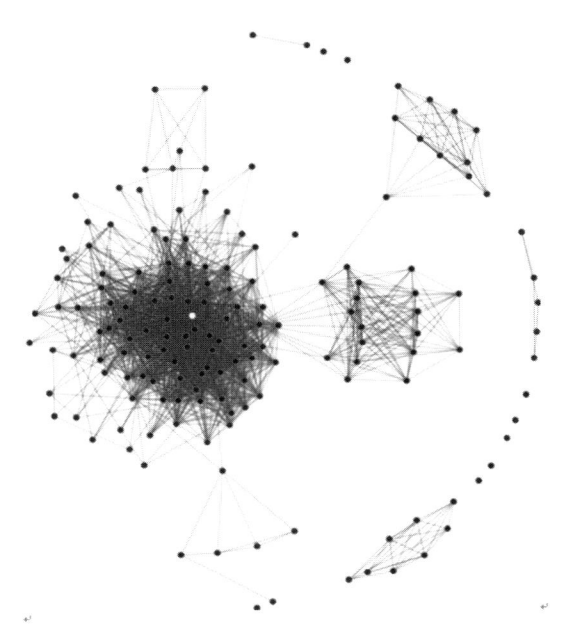

図1-7 英語版 Wikipedia 中の「A social network diagram」と題された図（2012年6月現在）

に明示的に表すことができない．Webページ自体を分析対象として，話題やテーマなどに基づいてそれらを纏めたコミュニティグラフ（あるいはウェブコミュニティチャート）に関する研究があるが，本来グラフの考え方自体，対象をノードとアークだけによって抽象化する考えであるため，纏まりやグループといった捉え方とそぐわないといった側面もある．

　さらに後述するように，具体的にソーシャルグラフを作成したり繋がりを分析する場合には，対象となる特定のユーザから繋がりを追いかけて記述することになるため，明示的に開始点を示さないグラフ図は描きにくい．さらにまた特定のノードからの繋がりの数が把握しにくくなるため，グラフそのものが発散してしまう傾向にあるということも指摘できる．そのため，個々のユーザのソーシャルグラフに関しては，こうしたフラットなグラフ図ではなく，特定のノードから始まる図1-8に示すような，木構造図を用いて表現することもある．グラフ理論では，木（Tree）はループを持

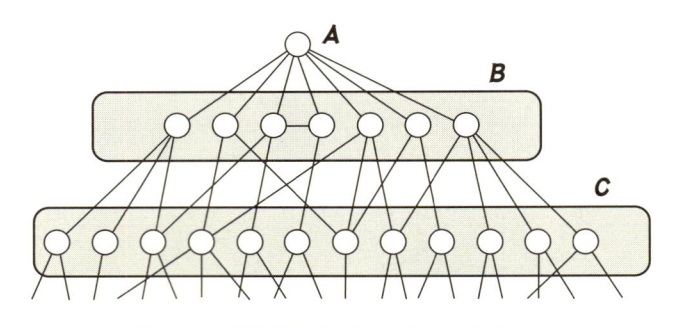

図1-8　木構造図によるソーシャルグラフ

たない非環状グラフと同じものであり，ソーシャルグラフは，木構造図での表現と親和性が高い．

　あるノードAと繋がりを持っている複数のノードBは，ソーシャルグラフの場合，直接の知り合いとなる．ノード群Bはそれぞれがまた繋がりを持つが，それらはAと直接繋がっているノードBか，繋がっていないノードCかのいずれかである．CはAにとっては知り合いの知り合いでしかない．後述するように，こうした繋がりを何段階か経ると，とてつもない数の人間と繋がることになる．そのためAにとって，多くのアークを経たノードは，人間の繋がりとしては，あまり意味がない場合が多い．前述のように，9億人のユーザがいるFacebookでは，最終的には9億個のノードからなるソーシャルグラフとなるが，実際に必要となるソーシャルグラフは，特定の人間とその繋がりを中心とした，その中のごく小さなグラフでしかない．グラフの一部を抽出したものを，「部分グラフ（Subgraph）」と呼ぶ．

　若干ソーシャルグラフとは離れるが，木構造の清書法（Graph Drawing）に関しては，多くのアルゴリズムが提起されている．その中では，例えば「ラインゴールド・ティルフォードアルゴリズム（Reingold-Tilford tree layout algorithm）」と呼ばれる手法によって，特定のノードを中心とした繋がりを，ノードの数を基準にして描いた図1-9などが提案されている．これは図形的にも簡潔であり，有効性が高い表記法である．しかし逆に，このように抽出した個々のソーシャルグラフから，多くの人々の纏まりを対象

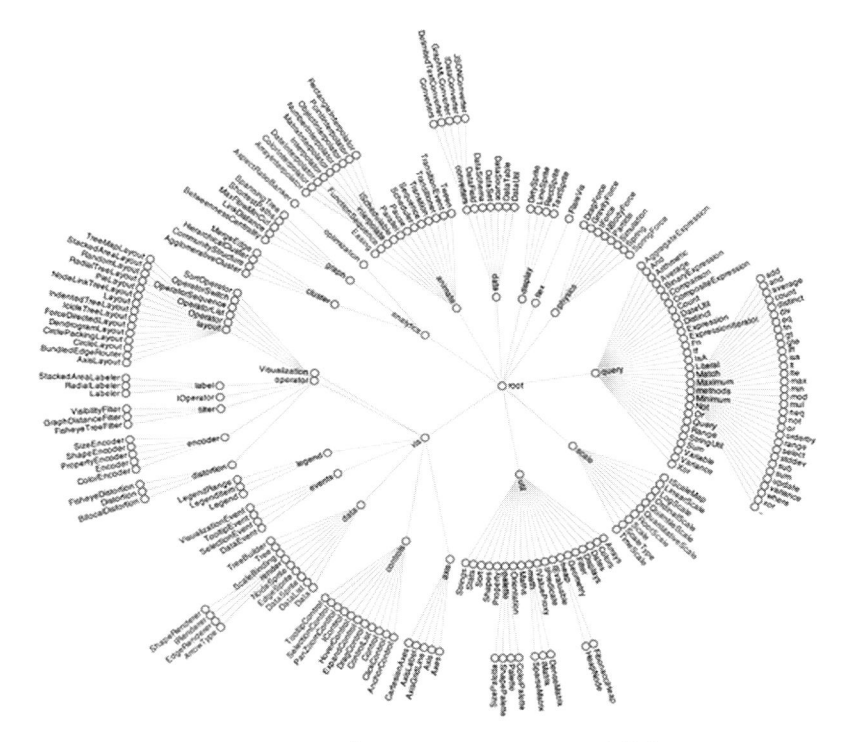

図 1-9　ラインゴールド・ティルフォード木構造

としたようなグラフ図に置き換えていくことは若干難しい．

　図 1-10 に示すように，ソーシャルグラフは個々の人間が構築したものを，全体として集約させたものである．個に焦点を置くか，全体に焦点を置くかによって表記されるべきものが異なるが，一般にグラフ図として記述される全体を示すものは，個々のグラフが重なったものである．それだけでは，個々のグラフと全体の関係が示されないので，さらに別な表記手段が必要となる．

　人間の繋がりは，決して陸と橋などとは同じようなものではなく，様々な要素を含んだ，より複雑な構造をとっている．そのため，関係を表現するには，繋がりの有無だけではなく，後述するように繋がりの意味や内容が必要であるし，さらにその繋がりによって構成される人々のコミュニテ

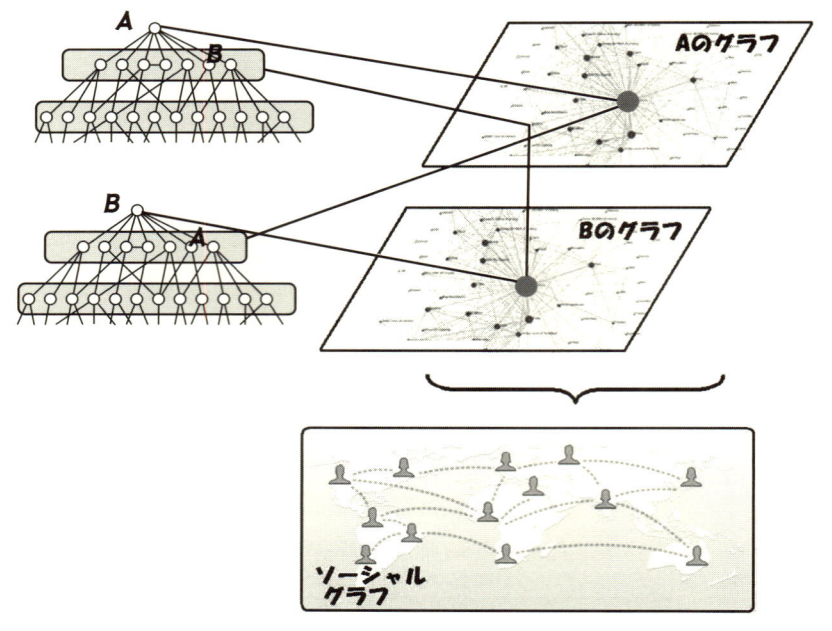

図1-10　個々のグラフとグラフ図の関係

ィを記述する必要もある．グラフ図だけでは，ソーシャルグラフのごく一面しか表現されないため，特定のノードを中心とする場合には，この木構造図を用いることが多い．さらに，関係の内容などを明確化するために，他の図式表現と併せて用いることがある．ソーシャルグラフは，1つの図だけでは記述することはできないような構造をとっていると考えるべきであるが，それらに関しては後述することにする．

2章 ソーシャルグラフの機能

　ここでは，ソーシャルグラフの役割や意義について取り上げる．前述のように，多くのソーシャルメディアが登場したのは2004年頃のことだったが，以降急激にシステムそのものが社会に認知され，様々な使い方がされてくるようになると，いくつかの問題点が顕在化することになった．ソーシャルグラフは，それらの問題点を背景に提起された．以降には，まずユーザと開発者の2つの立場から，ソーシャルグラフの背景とその意義について考察する．

　さらに実際に作り上げられたソーシャルグラフは，特にグラフとしての側面に着目することによって，人の繋がりの持つ特徴を数学的に明らかにすることになった．「4章　ソーシャルグラフの利用」ではその応用に関して述べるが，ここでは人のグラフそのものの持つ，いくつかの特徴について取り上げる．

1. ソーシャルグラフの背景と問題意識

1.1. ソーシャルメディアとコールドスタート問題

　ソーシャルメディアの開発者たちによる「ソーシャルグラフ」の提起は，新たなサービスの可能性を明らかにしたということ以上に，ソーシャルメディアそのものが抱える，ある切実な問題点を背景にしたものでもあった．近年では，様々な目的や仕様を持ったソーシャルメディアが登場してきており，複数のシステムを使い分けているユーザも多いだろう．各ユーザは

システムごとに固有のIDを持つが，例えば，Facebookで構築されている関係を，Twitterや他のシステムでも使いたい場合もあるだろう．その場合，他のシステムでもユーザ間の関係や繋がりなどを，一々登録していかねばならない．ユーザ情報だけではなく，こうした関係情報までも一々入力していくことは，ユーザにとって大きな負担となる．

さらにより大きな問題として，ソーシャルメディアの開発側の事情も指摘できる．前述のように，コミュニティのあり方に基づいてソーシャルメディアの機能を分類したが，扱う情報やその集約の方法など，細かい仕様の違いを狙って，様々なソーシャルメディアが開発されてきた．おそらく今後も，新たな発想で画期的なシステムが登場するだろう．しかし，新たに開発されたシステムがスタートした時点では，ユーザがいないので，人との繋がりを支援するというソーシャルメディアの利点を十分に享受することができない．これを「コールドスタート問題（Cold Start Problem）」と呼ぶ．

元々コールドスタート問題とは，長時間停車していた自動車などで，エンジンが冷えた状態のままで発車させる際に起こる不具合を示す言葉として使われていたが，転じてコンピュータシステムが，電源を落としてハードウェアが初期化された状態から再起動する際の問題を指すものとして使われている．しかし最近では，後述するレコメンダシステムのように，特に多くのデータに基づいて解を出力するシステムが，データ不足のため本来の機能を実現できない状態を指すものとして使われることが多い．

ソーシャルメディアは，多くのユーザが利用していない限り，コミュニティ間のコミュニケーションなどの機能が持つ利点を享受することができない．そのため，mixiでもTwitterでも，もちろんFacebookでも，最初は開発者とその友人からスタートしているのは，よく知られている．これは，開発側やシステムにとって大きな負担となる．どんなに画期的なシステムでも，まずはユーザを集めねばならないし，特に後発システムでは，既存のシステムのユーザを新たに獲得するのは至難の業である．

さらに新しいシステムが多くのユーザを獲得するようになると，今度はシステム側で，それらのユーザ情報を管理しなければならなくなってくる．

それは事業者にとって大きなリスクであり，またシステムにとっても大きな負荷ともなる．しかし実際問題として，Facebookを頂点として，メジャーなシステムが大規模なソーシャルグラフを独占している状況では，後発のシステムが固有に人々の関係情報を蓄積したとしても，各システム内でしか使われない，断片的なソーシャルグラフが作られていくに過ぎない．

こうした問題意識から，フィッツパトリックの「Thoughts on the Social Graph」では，ソーシャルメディアの相互運用を促進するために，各システムで作られてきたソーシャルグラフを，特定のサービスから切り離して独立させて，社会的な共有資産として解放し，広く活用できるようにすることを提案したのである．ただし現状では，後述するように多くのシステムが内部のデータを用いるためのAPIをWeb経由で公開しており，これを用いることでシステムの外部から人間関係のデータを抽出し，ソーシャルグラフを構築することは可能である．さらに最近では，それらAPIを用いて効率的に新たなシステムを構築することを可能とする「マッシュアップ（Mush Up）」手法（後述30ページ）も試みられている．そのため，実質的にソーシャルグラフは，特定のシステム内に独占されているものではなく，既に共有されている状況にあると言ってよいだろう．

むしろ注意すべきは，ソーシャルグラフの外部利用に関しては，各システムで規約上の制約が与えられているという点である．特に最大のソーシャルグラフを管理しているFacebookの開発者向け規約は，ソーシャルグラフの価値や機能に関して非常に示唆的であり，他のソーシャルメディアの実質的な標準にもなっている．そこでは特に，FacebookのAPIを通して取得したユーザに関するデータの保存と再利用に関して，様々な制約が明記されている．まず大前提としては，取得したユーザに関するデータのうち，何を収集，保存し，さらにどう使うのか，またどういったシステムで用いるかを，プライバシーポリシーとして明示し，さらに各ユーザにその許諾に関する選択肢を与えなければならないとされている．

ソーシャルグラフを含んだデータの保存に関しては，かつてユーザの個人情報の保持は，24時間の制限がなされていた．しかし，Facebookの外部にあるデータが24時間以内に破棄されているかどうかを確認する手段

がなく，有名無実だったため，現在では，データの保存は，キャッシュという名目では認められている．ただしそれは，各システムの品質改善に役立てるという目的のみに限られており，さらにキャッシュされたデータが最新の状態を保つようにするべきであるという制約も与えられている．つまりソーシャルグラフは，外部には公開されているが，あくまでもその実体は Facebook 内にあるということが明記されている．

図 2-1 左に示すようにソーシャルグラフそのものがシステムから独立して存在しているというよりは，図 2-1 右のようにソーシャルメディアとソーシャルグラフは統合化したモジュールのようなものであり，ソーシャルメディア自体は，ソーシャルグラフの管理機能に特化した機能を持ったものと言えるだろう．そのため，新たにソーシャルグラフを用いたアプリケ

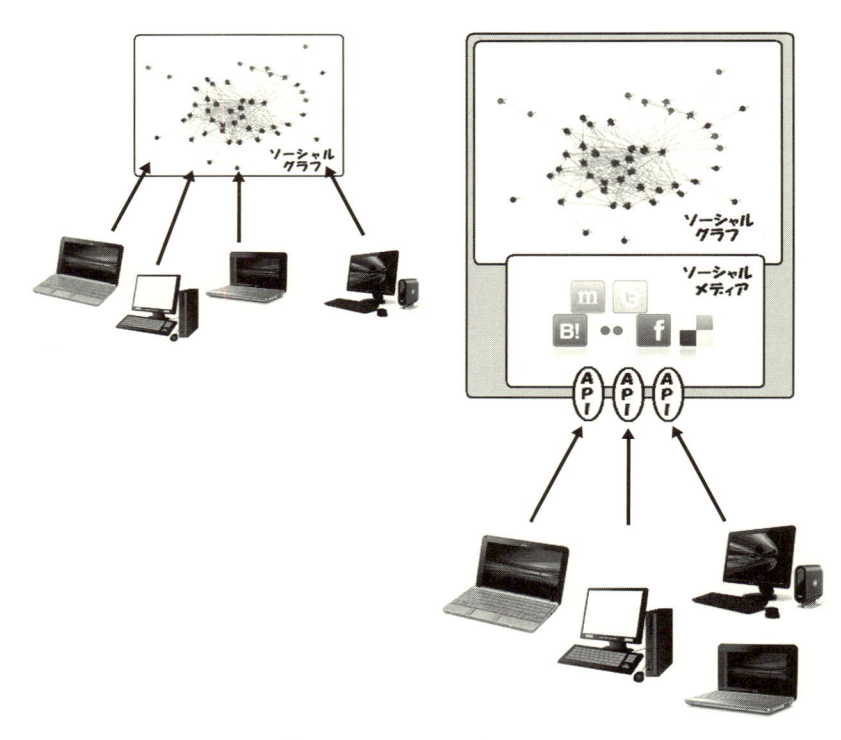

図2-1　ソーシャルグラフとAPI

ーションを開発する場合には，常に API を使ってデータを取得しなければならない．

　このように，ソーシャルグラフの保存自体は，制約はあるもののある程度は認められている．しかしさらに，保存したソーシャルグラフの利用に関しても，多くの制限がある．例えば，あるユーザが自分のデータや繋がり関係を，他のアプリケーションで利用することを承諾したとしても，そのユーザと繋がっている他のユーザのデータを利用することは認められてはいない．その場合には，さらに他のユーザにもプライバシーポリシーを了承してもらうことが必要とされている．

　ソーシャルグラフの機能の本質は繋がりそのものにあり，そこにはユーザの様々な属性に基づいた関連性に基づくコミュニティやグループが存在している．しかしこの制限によって，繋がり関係を一纏めにして扱うことは認められないということになる．例えば，あるユーザの友人全てにメッセージを送るなどといった，ソーシャルグラフを使った一斉同報のような使い方は認められない．

　特に Facebook は，ソーシャルグラフをベースとした広告の利用に関しては，規約として具体的に制限をしている．例えば，「Facebook から受け取ったユーザに関するデータと関連付けた広告を行ってはならない（You will not include data you receive from us concerning a user in any advertising creative.）」という記述がある．これは Facebook のソーシャルグラフを用いて，ユーザの属性に着目した広告を提示することを禁じる規定である．これによって，例えばあるユーザが文科系学部に所属する女子大生だとして，同じ属性を持った繋がりに対する広告が禁じられることになるが，おそらくこれは，Facebook が自社の関連事業として展開している Facebook Ads との競合を禁じる意図を持ったものであろう．さらに，API 経由で取得した全てのデータは，他システムへの転用や他社への譲渡などが禁じられており，実質的にソーシャルグラフは，広告などでの商業利用ができない．その逆に，ユーザ向け規約では，「弊社（Facebook）は，広告配信のターゲット設定や，検索用のコンテンツインデックス化などの商用目的を含む，いかなる目的でも，開発者のアプリケーション，コンテンツ，およびデー

タを分析できる」と明記されている．

こうした一連の規約で明らかなように，ソーシャルメディアの運営側は，ユーザの個人情報と繋がり関係の第三者利用に関しては，厳密に制限するという意図を持っているようである．これは，ソーシャルグラフは広告を代表として，様々な利用可能性を持っているということを意味している．実際に，Facebookの広告売上高は，2011年には約32億ドル（約2600億円）となり，前年比で7割弱の大きな伸びを示している．

しかし現在では，API経由で外部にソーシャルグラフが公開されているため，こうした規約を超えた利用を，物理的には禁止することはできない．そのため，Facebook側は，ソーシャルグラフを動的に変化するものと捉え，その存在意義として最新のデータでなければ有効性を持たないという側面を強調している．また現在では，プログラムの違法コピーに対する社会的意識も進んできているが，おそらくはソーシャルグラフの公正な利用に関しても同じような受け止められ方がなされていくであろう．いずれにせよ，ソーシャルグラフとソーシャルメディアの関係は，APIの仕様も含め，決定的なものは出揃ってはいない．

逆に，ソーシャルメディアの運用側や広告を提示する側に対しても，特に個人情報などとの関わりから，ネットメディアや広告事業者などが参加する業界団体が，ソーシャルメディアを中心とした広告に関する統一的な自主規制ルールを定めている．これらに関しては，「4章 2.1. 検索システムとしてのレコメンダシステム」で述べることにする．

1.2. モジュールとしてのソーシャルグラフ

そもそも，ここまで述べたようなソーシャルグラフを独立させて公開するという考え方は，突飛なことのように思えるかもしれない．しかし，特に技術的な観点からは非常に合理的な考え方である．コンピュータ技術の歴史は，ハード，ソフト共に，モジュール化の歴史だったと言っても過言ではない．「モジュール（Module）」とは，設計工学の世界で用いられる考え方で，機能単位といった意味を持つ．それは特定の機能を実現するため

のいくつかの部品の集合であり,さらに他の機能単位と交換可能な属性を持ったものを指す.例えばパソコンのハードディスクは,多くの部品から構成されているが,全体として補助記憶装置という機能を持ち,他のハードディスクと交換することが可能なモジュールである.

もちろん,ソフトウェアもいくつかの機能要素に分かれており,現在のコンピュータシステムは,ハードウェアの制御を行う基本ソフトウェア (OS) と,具体的な業務支援や問題解決を行うアプリケーションソフトに分けて開発するのが普通である.しかし,コンピュータが民生化されていった1950年代当時,コンピュータにはOSという概念はなかった.そのため,特定のアプリケーションを開発する場合,まずOSから開発しなければならなかった.しかし1970年代にはUNIXを代表とするハードウェアに依存しない汎用OSが生まれたため,開発側の負荷が軽減され,アプリケーションそのものの機能が高度化していった.以降,ユーザインタフェース (UI) や,通信モジュールなどがモジュール化されていったが,システムの標準的な構成が決定していった結果の産物がこれらのモジュールだと言える.

現在では,ほとんどのアプリケーションが通信を行うが,その場合,Webベースのクライアント・サーバ型のアーキテクチャで構成するのが普通である.つまり,Webシステムそのものもモジュール化してきているという点が重要である.特に日本では2010年から急激に市場に広まっていったiPhoneを代表とするスマートフォンなどは,実質的にWebブラウザがシステムそのものであると言っても過言ではない.

ソーシャルグラフを各システムから独立させるという考え方は,これら一連のソフトウェアのモジュール化の流れの中に位置づけられる.元々アプリケーションの開発においては,データそのものと処理プログラムを分離して,特にデータの利用可能性を高めるデータ独立という考え方が,ソフトウェア工学の中では重視されてきた.それによってデータの構造の変更などに柔軟に対応することができるシステムを構築することが可能となるわけであり,またデータベース管理システム (DBMS) によってそれらが実現されてきている.

```
┌─────────────────────────────┬──────────┐
│ ソーシャルアプリケーション     │ ソーシャル │
│ ソーシャルネット              │ メディア  │
├─────────────────────────────┤          │
│ ソーシャルグラフ              │          │
├─────────────────────────────┴──────────┤
│ Browser-Web                            │
├────────────────────┬───────────────────┤
│ UI                 │ 通信モジュール     │
├────────────────────┤                   │
│ OS                 │                   │
├────────────────────┴───────────────────┤
│ ハードウェアプラットホーム              │
└────────────────────────────────────────┘
```

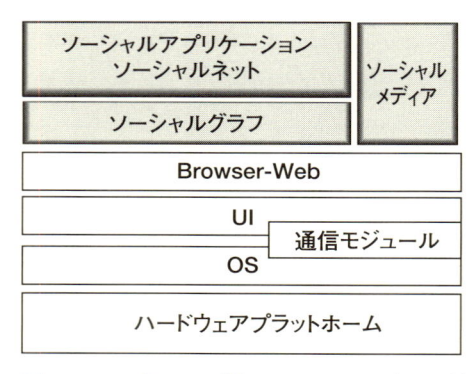

図2-2 ソーシャルプラットホームのイメージ

　前述のように，ソーシャルメディアやその応用システムでは，ソーシャルグラフこそが重要なデータであり，それらのデータ独立性が図られるのは，システムの開発を考えた場合，当然の流れにあると言えよう．つまり，OSやUIなどのように，ソーシャルグラフそのものを独立したモジュールとすると，図2-2に示したように，それを各ソーシャルメディアやアプリケーションの共通プラットホームとすることが可能となるのである．さらに，APIを提供するソーシャルメディアそのものも，DBMSのようにモジュール化されていくことも予想される．これはソーシャルメディアをベースにしたアプリケーションが，今後の標準的システムとなることを意味する．ソーシャルグラフをベースとして，人々が公開している位置情報や行動履歴，その他様々な情報を集めたものを，最近では「ソーシャルプラットホーム」と呼ぶこともある．

　一連のソーシャルメディアは，「Web2.0」という技術的なトレンドの方向にあるものと位置づけられている．最近ではあまり聞かれなくなってきたが，2004,5年頃，ITの世界では「Web2.0」という言葉がしばしば使われていた．多くの本が出版され，おそらくは言葉だけは結構認知されたのではないだろうか．元々イギリスの技術者ティム・オライリー（Tim O'Reilly）によって提唱された考え方で，誰でもがWebを通じて情報を発信できるようになる状態を，それ以前の状態「Web 1.0」と比べて「Web

2.0」と称したのがその内容だった．Web 技術の世界では，旧来の一方的に情報を発信するシステムを「Web1.0」と呼び，多くのユーザが情報発信に関わることを可能とするシステムを「Web2.0」と総称している．

そこでは，「ユーザ参加型」のシステムによって，Web を経由した人々のコミュニケーションが「双方向的」になることや，その効果が「ロングテール的」（後述 50 ページ）となるなどといった特徴が指摘されていた．しかしこれらはシステムの効果や特性に関して述べたものであって，「Web 2.0」そのものに関しては，技術的に明確な定義づけがなされているわけではなく，実際に特定の規格や標準があるわけでもない．やはりバズワードのひとつとも言えるが，その背景には，2000 年頃の通称「ドットコムバブル」とその崩壊の間に，様々な Web システムが作られてきたという事実がある．要は，その頃に次々と登場してきた，旧来のシステムとは異なる特性を持ったシステムを総称する用語といった位置づけと言えるであろう．技術的な特徴としては，Web 1.0 ではパソコンがプラットホームとして Web に接続していたが，Web 2.0 では Web そのものがプラットホーム化し，様々なサービスが提供されるとされている．ソーシャルメディアでは，さらにその延長として，ソーシャルグラフそのものがプラットホーム化するということが想定されていると言えよう．

フィッツパトリックは，全てのソーシャルネットワークサイトからソーシャルグラフを抽出し，最終的にはグローバルに集約されたグラフを再配布する非営利団体を設立し，オープンソースでソーシャルメディアを開発することを可能とする計画をも明らかにしている．これは，ソーシャルグラフそのものが，特定の企業や組織に保持されるべきではなく，いわば公共の財産であるということの宣言である．ただし現状では，包括的で一般化した，相互に運用可能なソーシャルグラフは存在していない．また Facebook のプライバシーポリシーでも明らかなように，ソーシャルグラフを大規模に構築している各システムでは，ソーシャルグラフの完全な公開には積極的ではない．

しかし，既存のソーシャルメディアが，ソーシャルグラフを管理する役割を持ったデータベース管理システムだと考えれば，公開されている API

とこの後述べるマッシュアップ開発の手法を採用することで，非常に容易に，新たなソーシャルグラフの応用システムを構築することが可能である．これによって開発者は，新たにソーシャルメディアをプラットホームとしたイノベーティブなシステムの開発に注力することが可能になるだろう．それは，OS や UI までをも含めて開発せねばならなかった過去のシステム開発の経緯や歴史から考えれば，とてつもなく大きな効果があるものと言える．

1.3. ソーシャルグラフとマッシュアップ技術

ソーシャルグラフの利用可能性を格段に高めたのは，各システムが提供する API であった．ただし API の仕様そのものは，それぞれのシステムごとにまちまちであり，特にソーシャルグラフそのものを直接扱う API に関しては，共通仕様が未だ策定されている状況である（3 章 2.1 参照）．しかし前述したように，Web システム自体がプラットホーム化する環境の元では，新たにそれに適合した開発手法が生み出されてきている．その中で最も画期的なものが，ここで述べるマッシュアップ手法であろう．

「マッシュアップ（Mash Up）」とは，MAD などとも呼ばれることがあるが，元々音楽関係の業界で，2000 年前後から使われるようになってきた用語で，複数の曲を素材として使い，新たに 1 つの曲を仕立て上げる手法を指している．特にポピュラー音楽がディジタル化される中で生まれてきたものであるが，発想そのものは決して新しいものではない．例えば音楽の媒体がアナログレコードだった時代に，特に 7 インチシングルの B 面曲を用意するために，予算や手間をあまり掛けずに既存の曲を加工して 1 曲作り上げる Dub やリミックスと呼ばれる手法が使われることがあった．複数の曲からトラックを抜き出して重ねてミックスし，1 つの曲に仕立て上げるようなこうした発想を，ディジタル技術を用いて実現するものがマッシュアップである．ディジタル技術の進歩によって，音楽のみならず，動画でも CM や映画などを素材にマッシュアップが試みられており，動画投稿サイトなどにアマチュアが作成したマッシュアップ作品がアップされ

て話題になることも多い（4 章 3.5. 参照）．

　こうしたマッシュアップされた作品自体は，著作権などとの関わりが微妙なため，マスメディアで流れることはあまりなく，おそらくそれを聴いたことがある人は，一般にはそれほどは多くないかもしれない．厳密に言えば，マッシュアップは既存の作品の編集手法であり，本来的な意味での創造的な行為ではないが，音楽の制作手法としては，とてつもなく画期的である．例えて言えば，パソコンや自動車など工業製品の設計作業に似ている．現代の工業技術では，既存の部品やモジュールを組み合わせることによって新たに製品が設計されることが多い．こうした半完成品を用いた設計を類似設計と呼ぶが，マッシュアップ手法は，既存の楽曲を素材として組み合わせる類似設計的な手法である．

　こうした手法は，様々な設計作業に適用することができるが，特に IT の世界では，API を用いて複数の異なるコンテンツを取り込み，1 つの Web ページやサービスを作り上げることをマッシュアップと呼んでいる．Web をベースとしたマッシュアップ手法が登場したのは，Google 社が 2004 年から開始したオンラインの地図サービスである Google Maps が切っ掛けだったと言われている．DreamWorks Animation のエンジニアだったポール・ラーデマッヘル（Paul Rademacher）が，この Google Maps を基にして，アメリカではメジャーな地域情報コミュニティサイトとして知られる Craiglist (http://www.craiglist.com) に掲載されていた不動産情報を提供する HousingMaps (http://www.housingmaps.com) というサービスを立ち上げた．これが最初のマッシュアップだったとされている．

　当時はまだ Google Maps の API が提供されていなかったため，ラドメイヤーは Google Maps の仕組みを解析し，Google には無許可でサービスを開始したそうだが，Craiglist はテキストベースだったため，Google Maps と統合することで，図 2-3 に示すように非常に魅力的かつ効果的なシステムとなった．興味深いことにこの HousingMaps の発想があまりにも魅力的だったため，ラーデマッヘルは Google に職を得ることになったし，Web2.0 という概念の提唱者であるティム・オライリーは，これを「初めての真の Web 2.0 アプリケーション」と称したとも言われている．

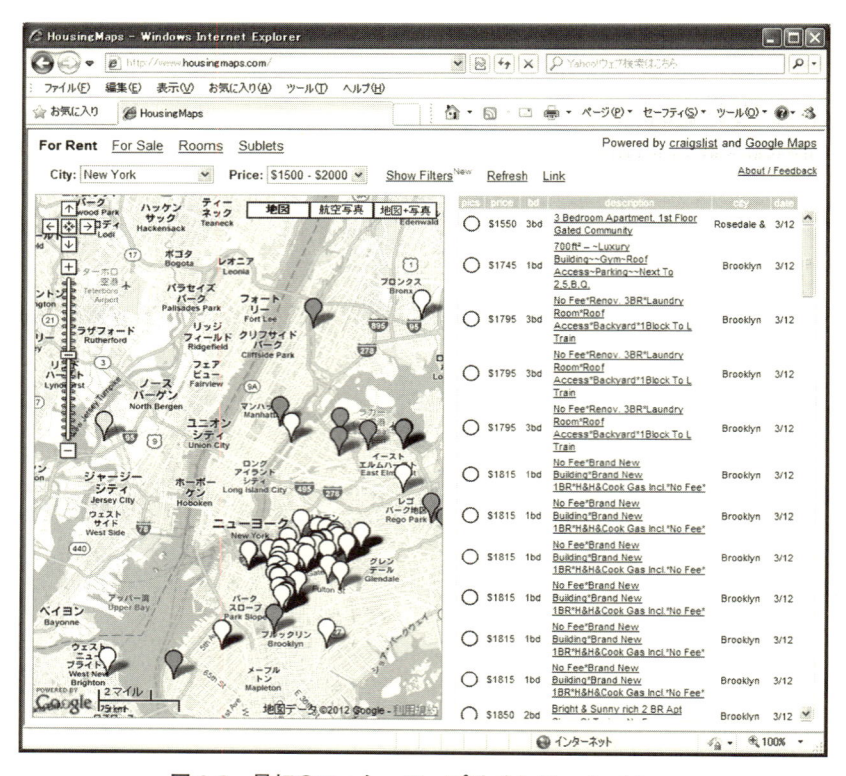

図 2-3 最初のマッシュアップサイト HousingMaps

　前述のように，Web 開発として行われるマッシュアップでは，API や固有のデータなどを複数組み合わせて，新たなサービスを作り上げる．前述の HousingMaps では，現在では公開されている Google Maps の API と，掲示板サイト Craiglist 中の不動産データを図 2-4 のようなイメージでマッシュアップしたものである．もし，地図データやその表現方法を，最初から開発しようとするならば，膨大な手間と開発費用が必要となるのは明らかであり，マッシュアップ手法によって，ソーシャルメディア内のデータの再利用性を高める効果があるのは明らかである．

　こうした開発のためのトータルコストの問題の他に，機能の追加や削除が容易で，作り上げたシステムをプロトタイプとしてユーザの評価を加え

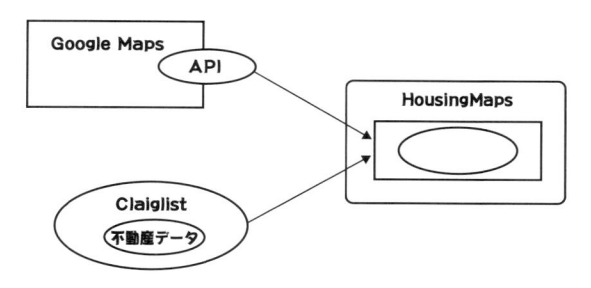

図2-4　HousingMapsのマッシュアップイメージ

ながら機能や仕様の洗練を行うといった，いわゆるスパイラル型の開発を行うことができるといったメリットもある．前述のコールドスタート問題に対しては，最も効果的な手法と言えるであろう．何より，新しい発想をすぐさまシステムとして実現できるのが，魅力的である．

ただし，ソーシャルグラフを用いたアプリケーションの開発手法としては，マッシュアップには大きく2つの問題がある．まず，機能そのものが各APIに依存してしまうので，APIを提供する側が，仕様の変更やサービスそのものの停止などを行う場合に，システムそのものが影響を受けてしまうという点が指摘できる．特に，APIを提供するサーバの負荷といった問題から，APIの呼び出し回数の制限などを設けている例もある．

さらにより大きな問題点として，実は直接にソーシャルグラフそのものを扱うAPI（グラフAPI）がほとんど用意されていないという点も指摘できる．その詳細は「3章 2.1. グラフAPIと仕様争い」で述べるが，グラフAPIの仕様そのものに，標準を巡る争いがあり，また前述した規約等の関係もあって，実際には各ユーザのデータをAPIによって取得し，アプリケーション側でソーシャルグラフとして再構築するという処理を行わねばならない．端的に言えば，ソーシャルグラフそのもののやり取りは，標準的なAPI化がなされていないのである．

後述するように，ソーシャルグラフは人々の関係を示したものであるため，単に繋がり関係の存在を明らかにするだけでは不十分である．Facebookの規約でも示されていたように，その人の属性を元にグラフを

構築する必要がある．そのため，特に日本語を母語とするユーザに関しては，自然言語処理技術を用いてソーシャルプロフィールの解析を行わねばならない．こうしたソーシャルグラフの抽出と構築の一連の流れに関しては，「3章　ソーシャルグラフはどう作られるか」で述べることにする．

2. ソーシャルグラフで明らかになる関係性

2.1. ネットワークの外部性と収穫逓増

　まず大前提として，ネットワークの持つ特性として，ネットワークの「外部性（Externality）」と「収穫逓増（Law of Increasing Returns）」という現象に関して述べる．これは特に，ネットワークそのものが持つ価値を示す基本的な概念である．ソーシャルグラフを含め，人間のネットワークは，そこにコミュニケーションの経路が存在するという点が機能の源泉である．例として，4人の加入者で構成されているネットワークを考える．そのネットワークで通信可能な回線の数は，図2-5左に示したように，6本であり，そこには6通りのコミュニケーション経路が，存在していることになる．そこに2人の加入者が増えたとすると，通信が可能な回線の数は，図

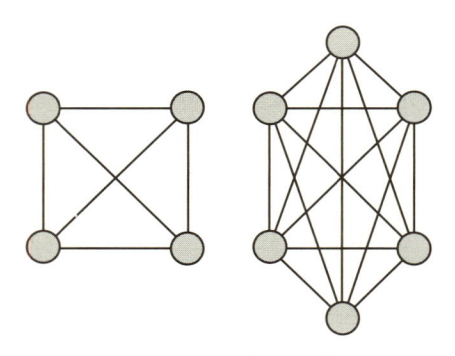

図2-5　加入者数と回線数

2-5 右に示したように，15 本になる．

　n 人が加入するネットワークでは，任意の 2 人を結ぶ経路の総数は，「$n(n-1)/2$」となる．つまり加入者の増え方に対して，経路の総数は約 2 乗で増加していくため，もしネットワークの加入者が最初の 10 倍の 40 人になると，通信回線数は 780，つまり 130 倍に膨れ上がる．

　コミュニケーションの経路の多さは，そのネットワークの利便性を高め，経済価値を生み出す．多くの加入者と通信できる方が便利なのは言うまでもない．つまりネットワークには，大規模なものが有効であるという「規模の経済（Economies of Scale）」の原則が働いている．その意味では，最も多くのユーザを持つ Facebook のソーシャルグラフは，規模の経済という観点からは，一見すると最も価値が高いように見える．多くのソーシャルメディアの中で，Facebook が注目を集める理由は，まさにこの点にあると言えるだろう．

　このように，ネットワークの利便性は，加入者の数によって決定する．そのため，ある人にとってそのネットワークが価値を持つか否かは，自らの行動などではなく，自分以外のユーザの数に依存することになる．ある人の行動が当事者以外の第三者に経済的な影響を及ぼすことを，特に経済学では外部性と呼ぶ．他の人にプラスの影響を与える場合を「外部経済（External Economy）」と言い，マイナスの影響を与える場合を「外部不経済（External Diseconomy）」と呼ぶ．例えば，鉄道の開通によって路線の土地の価格が上がるといった例は，外部経済を示している．その逆に，例えばゴミ処理施設などができることによって，近隣の土地価格が下がることがあるとするならば，それは外部不経済となる．

　通信ネットワークは，加入者という要素によってその利便性が決定するため，明らかに外部経済に基づいている．例えば携帯電話には複数の会社（キャリア）があるが，熾烈な加入者の獲得競争を行っているのはよく知られている．サービスや新機能などで争っている他に，機械自体の価格でも競争しており，店頭では本体価格￥0 などというものを見かけることも決して珍しくはない．携帯電話自体は，最先端の半導体技術や液晶技術を使ったもので，カタログなどを見ると最新機種が 5 万円以上もするものがあ

る．しかしそれを¥0で売れる理由は，携帯会社のインセンティブという販売制度にある．インセンティブとは，携帯電話が1台（1回線）売れるたびに，キャリアから代理店に支払われる報奨金のことで，その存在は各キャリアとも認めているが，その具体的な額や契約の形態などに関しては公開されていない．いずれにせよ，携帯会社側は販売店にこのインセンティブを払っても，毎月の基本料や通話料金などで十分利益を確保できるし，何より加入者が増えることで外部経済を獲得していくことで，通信回線に経済価値を与えることができる．加入者が多いネットワークは，それだけ経済価値が高いということになるのである．

特にネットワークでは，回線の数は加入者数に対して，その約2乗で増えていくという点は重要である．ほんの少し加入者が増えることで，回線数は急激に増加していくことになる．そのため，いったん市場シェアを獲得した勝者にはますますシェアが集中していくという現象が起こる．このように，どちらかほんの少しだけ利用者が多い方が，市場における優位性を拡大していくという現象を，「収穫逓増」と呼ぶ．

これは元々，生産規模が増大すると生産がさらに効率的になり，生産量の増分も次第に増加する現象を指す用語であるが，さらに市場で最初に最大のシェアを奪った企業だけが，最大の利益を得て勝ち残るという市場原理を指すことも多い．特に，パソコンの基本ソフトやキーボード配列，さらにはビデオのフォーマットなど，技術的な標準が必要とされる分野では，こうした収穫逓増現象が起こりがちであり，特定の企業が市場を独占するといったことがしばしば起こっている．

特にアメリカでは，独占禁止法関係の規定がこうした企業の独占状態に対する歯止めとなることが多く，過去に大きな市場を獲得した企業が，これらの法規に抵触して企業分割がなされた例が多々存在する．その最も初期の例には，1910年代に石油産業のビジネスモデルを作り上げたロックフェラー一族によるスタンダード石油が知られている．以降に大規模企業がこの独禁法に抵触した事例としては，1970年代のコンピュータ企業IBMに対する司法省の提訴や，1980年代に通信会社AT&Tに対して下された長距離と地方電話会社への分割命令，さらに1990年代にマイクロソ

フトが提訴され2000年に敗訴が確定したことなどがある．これら独禁法で問題になった企業は，ほとんどが情報産業であるという点が非常に興味深い．産業自体の社会的な影響力が強く，特定の企業が独占することによって，多大な不都合が起こるという点が問題視されたわけではあるが，そこには各企業が技術の標準を獲得することによって収穫逓増を実現したという背景がある．

ソーシャルグラフには，外部経済とともに収穫逓増現象が働いている．何より，2006年9月に一般に開放されたFacebookが，前述のように高々5，6年で9億人にも及ぶユーザを獲得したのも，まさにこの収穫逓増原理に基づいた現象だったと言えるだろう．多くのユーザは，他の多くのユーザがいるという事実から外部経済を期待して，新たにFacebookに加入するはずである．それが収穫逓増を生み出す要素ではあるが，それは後発のソーシャルメディアシステムが，新たにFacebookと同等以上の数を持ったソーシャルグラフを構築することは，おそらく困難であろうということをも意味している．こうしたことからも，メジャーなソーシャルメディアには，APIやソーシャルグラフそのものの公開が必要とされているのである．

ただし，人の繋がりであるソーシャルグラフでは，パソコンのOSやキーボードとは異なり，経済価値は単にユーザの多さだけから生まれるものではない．そのシステムに多くのユーザがいたとしても，言うまでもなく，全てのユーザが繋がっているわけではない．また実際に繋がり関係にあったとしても，その間にあくまでも，情報を伝達するための経路があるということに過ぎない．ソーシャルグラフの特性や価値などに関する詳細は，「2章2.4. ソーシャルグラフはスモールワールド」で述べることにする．

2.2. ソーシャルグラフと繋がりの特徴

グラフを使って，数的な観点からネットワークの特徴を明らかにすることができるが，ソーシャルグラフは人間の繋がりをグラフ化したものなので，特に人間同士の関係が持つ特徴を明確化するという機能がある．ここ

ではグラフの数学的な特徴を元に，ソーシャルグラフの繋がりについて考察する．

グラフでは，点に接続している線の数を「次数（Degree）」と呼ぶ．各点は線の両端にあるため，グラフ上にある全頂点の次数の合計は，線の数の2倍になる．各頂点の次数の平均値を，「次数平均」と呼ぶ．またネットワーク上の次数ごとの頂点数の割合を「次数分布（Degree Distributions）」と呼ぶ．さらに，次数が他の点に比べて飛び抜けて多い頂点のことを，「ハブ（Hub）」と呼ぶ．ハブは，ネットワーク内での相対的な次数の多さによって示される．一般に，点（ノード）の数によって，ネットワークの大きさを示すことが多い．例えばソーシャルメディアでは，しばしばユーザの数そのものが取り上げられる．Facebookのように9億人が使っていると聞けば，大規模なネットワークを想像するだろう．しかしネットワーク中では，ユーザの数ではなく，繋がりが重要な要素となるため，それだけではネットワークの本当の規模を判断することはできない．

ある頂点から他の頂点に到達するような一連の線の集まりを「歩道（Walk）」と呼び，ある2点が歩道で結ばれている場合，最も短い歩道の数を「距離（Distance）」，あるいは頂点間距離と呼ぶ．ネットワーク上にある全ての頂点の組み合わせを「全頂点対」と呼ぶが，2点間の距離をネットワーク上の全頂点対について平均したものが，「平均頂点間距離（Average Distance）」であり，これをネットワークの「直径（Diameter）」とも呼ぶ．これによって，ネットワークの大きさや規模を把握することができる．

さらにネットワーク内にある実際の線の数を，最大限に結合可能な線の数で割ったものを，「ネットワーク密度（Network Density）」と呼び，これによってネットワーク内部での繋がりの割合を計ることができる．これを人間の繋がりで考えた場合，集団の中での人々の親密さを表すと言っていいだろう．

これらのネットワークの特徴は，主に2点間の関係を元にして導き出されるものである．2点間の関係は，ネットワークを構成する最小の要素であり，それを「ダイアド（Dyad）」と呼ぶ．さらに3点間の関係「トライ

2章 ソーシャルグラフの機能

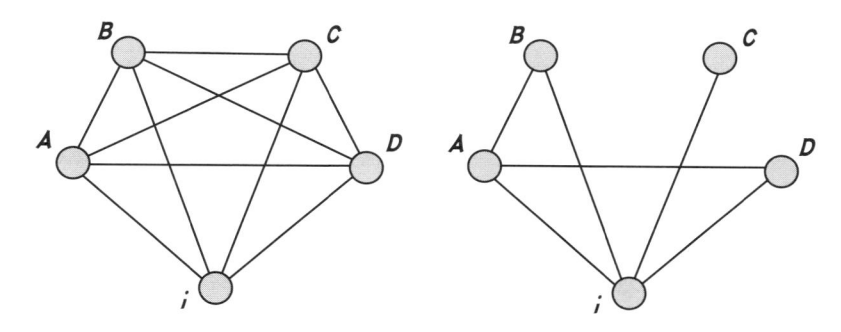

図2-6 完全グラフとクラスター

アド（Triad）」を元にして，ネットワークの様々な特徴を明らかにしていくことができる．ネットワーク上の全ての点が全て結びついている状態を「完全グラフ（Complete Graph）」と呼ぶが，ネットワークの中の3点が完全グラフ状態の場合，その3点間に三角形を描いた部分グラフが成立する（図2-6左）．このように，隣接している3点の頂点が繋がっている状態を，「クラスター（Cluster）」と呼ぶ．グラフモデルでは，クラスターとはネットワーク中に存在する三角形を単位として集まった纏まりを意味する．これを人間関係で考えた場合，クラスターはその関係の中にあるより密な関係を表している．あるネットワークの中にクラスターが存在するということは，そこにコミュニティなど，緊密な関係のグループが存在していることを意味している．特に社会ネットワークの分野でクラスターという言葉が使われる場合，グラフでの三角形状の繋がりといった厳密な定義よりも，コミュニティとほぼ同義のものとして用いられることが多い．

現実の人間関係では，例えば特定の人間Aとその友人Bがいて，さらにBの友人Cの三者がいる場合，AとCの間には，新しい友人関係が発生しやすい傾向がある．こうした現象や傾向を，「トライアディック・クロジャー（Triadic Closure）」と呼び，AとBとの間のように，新しい構造関係を生み出すような繋がりを，「第三者的紐帯（Third-party Ties）」と呼ぶ．

ネットワークの中でクラスターが占めている割合を，「クラスター係

数・クラスタリング係数（Clustering Coefficient）」と呼ぶが，これは3点の関係であるトライアドから見た，ネットワークの密度である．ある「頂点のクラスター係数」は，その頂点を含んで実際に存在しているクラスター（三角形）の数を，作ることが可能なクラスターの数で割ることで求められる．ある特定の点のクラスター係数を，点の「拘束（Constraint）」とも呼ぶ．点の拘束が低い場合，その頂点の周りには線で結ばれていない点が存在するはずである．その部分を，「構造的空隙（Structural Hole）」と呼ぶ．

さらに，個々の頂点で求めたクラスター係数を，ネットワーク全体で平均したものが，「ネットワークのクラスター係数」である．クラスター係数が1の場合，完全グラフとなり，またクラスター係数が0の場合を，「空グラフ（Null Graph）」と呼ぶ．ネットワークのクラスター係数は，そのネットワーク全体の緊密さを示すが，また構造的空隙の割合をも示している．

ノードiのクラスター係数CをC_iとすると，以下のような式で求められる．

$$C_i = \frac{E_i}{Z_i}$$

ここで示すZ_iは，頂点iの周囲に成立し得るクラスター数を意味するが，それは隣接しているノードの中の任意の2個を選び出す組み合わせの数で求めることができる．ここでK_iは，頂点iの次数を意味する．

$$Z_i = {}_{k_i}C_2 = \frac{k_i(k_i-1)}{2}$$

E_iは，実際に存在しているクラスター数を示すが，頂点iと隣接しているノードの次数の合計から，頂点iの次数を引くことによって求めることができる．これは，iを頂点とする三角形の底辺の数を求めることでもある．ある点と次数とその周辺にある三角形の数の関係は，表2-1に示したようになる．

表2-1 次数と三角形

次数	1	2	3	4	5	6	7	‥
存在し得る三角形	0	1	3	6	10	15	21	‥

図2-6右のようなグラフで考えると，ノードiは，4つのノードと隣接しており，次数が4である．隣接しているノードを，ここでは順にA, B, C, Dとする．このグラフでiを頂点に成立し得るクラスター数は，4個の中から任意の2個を取り出す組み合わせなので，6になる．つまり，iを頂点とするクラスターは，(iAB, iBC, iCD, iAD, iAC, iBD) の6個が成立し得ることになる．

しかしこの図の場合，実際にi以外の頂点を結び，iと隣接していない線は2本（AB, AD）しか存在しない．iを頂点とする三角形の底辺は，2本しかないということになる．そのため，このグラフでノードiに成立しているクラスターは2となり，ノードiのクラスター係数は，$2/6 = 1/3$になる．

このグラフを数列で表現すると，表2-2のようになる．網掛けの部分は，自分に対するアーク，つまりループになるので0としている．またこのグラフは無向グラフなので，例えばiAと Aiは同じ線になる．このように，無向ネットワークは対角要素を挟んで線対称になる．

この数列中で，列，または行の合計が各頂点の次数となる．i以外の頂点の組み合わせで，線が存在する（値が1）組み合わせはAB, ADの2つだ

表2-2 図2-6右の数列表現

	i	A	B	C	D
i	0	1	1	1	1
A	1	0	1	0	1
B	1	1	0	0	0
C	1	0	0	0	0
D	1	1	0	0	0

が，それらがクラスターの底辺となることがここからもわかる．

これを人間関係で考えると，特定の人間 i に繋がりのある人間が相互に繋がりが多いほど，完全グラフとなり，クラスター係数は1に近づくということになる．これは，構造的空隙が存在するネットワークでは，新たな関係を構築する余地が大きいということをも意味している．こういう繋がりを弱い紐帯と呼ぶが，それらの詳細については，後述することにする．

2.3. ネットワークの中心

さらにネットワークの特徴のうちのひとつとして，ネットワークの「中心性（Centrality）」がある．これは，ネットワークの中でどのノードが中心的な存在かを示す指標であり，それによってネットワークの内部構造を明らかにすることができる．例えば，情報通信やコンピュータネットワークの世界では，しばしば集中型，分散型といった分類をするが，これは中心性に着目した分類である．集中型のネットワークの場合，特定のノードがネットワーク内で重要な役割を果たしているが，こうした構造的な特徴は，この中心性によって明らかにすることができる．

中心性を計測する基準には，いくつかの種類があり，それぞれ観点が異なっている．まず最も単純な考え方として，ノードの次数によって判断するものがある．各ノードが，ネットワークの中でいくつのノードと直接繋がっているのか，その数が多いほど中心性が高いとするもので，これを「次数中心性（Degree Centrality）」と呼ぶ．その場合，そのネットワーク中のハブが中心性を持つことになり，直感的な理解が容易である．次数中心性は，単純に次数の最大値で求められるが，頂点の実際の次数を，そのノード群が取り得る最大の次数で割ることで，ネットワークの規模に関係なく求めることができる．これはネットワーク全体を考慮しないので，「局所中心性（Local Centrality）」とも呼ばれる．

また，ノード間の距離に基づき，ネットワークの中心性を判断することもできる．ネットワーク中の各ノードから他のノードへの頂点間距離を測

り，各ノードからの平均距離が短いものが，中心性が高いとするものである．これを「近接中心性（Closeness Centrality）」と呼ぶ．他の全てのノードと直接繋がっている場合，近接性は最大値1をとる．人間のネットワークの場合，平均距離が短いということは，ネットワーク中のどの人にも，最短経路で情報を伝達できるということを意味している．これによって，ネットワーク中で，他者への影響の大小に基づいたノードを探すことができる．ネットワーク全体への影響が考慮されるので，これは「大域中心性（Global Centrality）」とも呼ばれる．

以上2つは，ネットワークのノードやアークの数的な特徴によって中心性を導き出す考え方である．特に集中型のネットワークにおいて，中枢となるノードを明らかにするのには有効である．しかし注意しなければならないのは，人間関係のように分散型のネットワークの場合，個々のノードよりも含まれているクラスター（コミュニティ）を前提に中心性を考えねばならないということである．

複数のクラスターから構成されるネットワークの場合，単純な次数や距離などでは，その構造の実態は明確にはならない．前述のように，クラスターとはネットワーク中に存在する繋がりの強い纏まりを意味するが，人間のネットワークなどは，こうしたクラスター群が集まって，1つのネットワークを構成することが多い．クラスターは，何らかの繋がりによって他のクラスターと結びついている．特にそれが失われるとネットワークが分裂してしまうような点を「切断点（Cut Point）」と呼ぶ．この切断点のノードは，ネットワーク全体の構造を維持し，情報の伝達や媒介において重要な役割を果たしている．このように，ネットワーク全体における役割に着目して中心性を判断することも可能である．こうした性質を「媒介中心性（Betweens Centrality）」と呼ぶ．

この中心性は，そのノードが他のいくつかのノードの接続を媒介しているかという点に基づいて決まる．基本的な考え方として，ある頂点以外の全ての頂点が連絡するとして，それらがその頂点を通る割合によって，媒介接続性を求めることができる．具体的には，ネットワーク上の2点対の最短経路がその点を通る場合，点を通る経路数の総和を，その頂点をそれ以

外の各点の組み合わせ数で割って求める．

> 数的な側面
> ・次数中心性
> ・近接中心性
> 機能的な側面
> ・媒介中心性

　これらはそれぞれでネットワークに対する着目点が違うため，相互に矛盾するものではない．単純な次数中心性だけでなく，近接性や媒介性を計算すれば，ネットワークにおける各点について位置上の特性を加味して判断することができる．特に人間の繋がりにおける中心性は，集団の目的や役割，関係性など様々な側面から判断する必要があると言えるだろう．

2.4. ソーシャルグラフはスモールワールド

　1970年頃から，社会科学の分野でも，人間関係をグラフとしてモデル化し人間の集団を分析する社会ネットワーク研究が行われるようになって来た．特に，1970年代後半に行われた，アメリカのコミュニケーション研究者のリチャード・ファラス（Richard Farace）らによる，共同体の中における情報の伝達に着目した研究は，重要である．そこでは，人の繋がりにグラフモデルを適用し，さらに結合の強さや，そこに流れる情報内容や機能などを要素として，共同体における人々の繋がりを考察していった．
　それは，ソーシャルグラフという発想の嚆矢とも言えるだろう．しかし当時は，インターネットはおろか，実用的なパソコンが生まれる前であり，こうした研究を裏付けるデータやその収集，計測手段が存在しなかったので，こうした方向での研究は継続しなかった．そのため以降の研究では，主に数学モデルとして，人間のネットワークをどのような構造のグラフにするかという方向で，研究が進んでいった．ただしファラスらの考察は，現在のソーシャルメディアを元としたソーシャルグラフにおいて，その発想や方向性が再評価されてきており，その有効性は失われてはいない．

全ての点が結びついた完全グラフは，高いクラスター係数を持ち，さらにネットワーク内の平均距離は1となる，最も高い繋がりを持った構造である．しかし現実世界では，完全グラフで記述されるような繋がり関係は，ネットワーク中の部分グラフとしてはあり得るが，ネットワーク全体としては，まずあり得ない．しかしそこから規則的に平均次数を減らしていったとしても，現実の繋がり関係を表すようなグラフにはならない．例えば現実の人間関係で言えば，繋がり関係のある数には，大体平均的な人数を中心にばらつきがあるはずである．

　ハンガリーの数学者，ポール・エルデシュ（Paul Erdös）らは，各頂点が簡単な確率に従って，頂点間の辺が繋がるようなグラフ「ランダムグラフ（Random Graph）」に基づく「エルデシュ・レイニーモデル（ERモデル）」を提起した．これは，各頂点を結ぶ線が，ある程度のばらつきをもって不規則な分布をするもので，遺伝子や脳内のニューロンなどの研究などで，しばしば使われてきた．しかし近年のネットワーク研究で明らかになってきたが，このランダムグラフのように点の間の結びつきが確率的に決まっているネットワークでは，人間関係を代表とする現実の繋がり関係とは異なっている点が多く，それを記述できるようなモデルが必要とされた．

　1990年代以降になって，コンピュータの性能が向上して膨大なデータを容易に扱うことが可能になってきたということや，インターネットという大規模なネットワークそのものが研究対象となってきたという背景もあり，一気に様々な研究が進んでいった．それらの研究の中で，ソーシャルグラフを理解するために重要なのは，アメリカの社会心理学者スタンレー・ミルグラム（Stanley Milgram）が，1967年に行った，「スモールワールド実験（Small World Experiment）」と呼ばれる社会実験である．この実験では，無作為に選んだアメリカ中西部の住人に手紙を渡し，そこから全く面識のない東部の受取人へ向けて転送するように依頼していった．その結果として，アメリカ合衆国国民から無作為に抽出した2人ずつの組は，平均すると6人の知り合いを介して繋がっているということが明らかになり，こうした実験結果を「スモールワールド現象（Small World Phenomenon）」と呼ぶ．

この実験に関しては，様々な問題点が指摘されているが，アメリカ国内を世界に置き換え，さらに6という数字が一人歩きをして，ある種誤解を生んだまま広く知られることになっていった．ここから生まれた「六次の繋がり（Six Degrees of Separation）」という言葉はしばしば使われるし，「私に近い6人の他人」という映画の題材にもなっている．また，SNSやソーシャルゲームで知られる，日本のグリー株式会社（GREE, Inc.）の社名の由来ともなっている．以降，日本を含めた他の国や電子メールによる実験がなされたり，さらに最近ではテレビのバラエティ番組でも同じような試みがなされたりしたが，いずれも5〜7の間での媒介で到達するという結果になっている．

　1998年にコーネル大学のダンカン・ワッツ（Duncan Watts）らは，蛍の明滅やコオロギの鳴き声の同期現象を研究する中で，それらの現象からある特徴を見つけ出した．蛍やコオロギは，相互に同期しながら明滅や鳴き声を出している．蛍が100匹いたとして，他の蛍全ての明滅を見ながら反応しているとすると，蛍どうしには5000本もの繋がりが存在していることになる．しかし実際には，近隣のわずかな蛍がやり取りをするだけでも，全体的な同期発光は可能である．

　社会集団の持つこうした性質を「スモールワールド性」と呼び，ワッツらはスモールワールド性を持ったネットワークモデルを作るための「スモールワールドモデル」，あるいは「ワッツ・ストロガッツモデル（WSモデル）」という数学モデルを提起した．その研究成果は，2000年に「Error and attack tolerance of complex networks」というタイトルで科学雑誌『ネイチャー』に発表され，こうした現象が映画俳優の共演関係や，送電ネットワーク，さらに線虫の神経細胞など，自然現象や人工的なものなどを問わず，現実世界の様々なネットワークにも共通して存在することが，様々な研究者によって次々に発見されていった．

　これは，現実に存在するネットワークに，ほぼ普遍的な性質とも言えるだろう．特にソーシャルメディアによって明らかにされていった人間の関係にも備えられている性質である．その意味では，われわれはこの性質を直感的に理解していると言ってよい．しかし，その直感的な理解の曖昧さ

が，逆にソーシャルメディア上で多くのトラブルを引き起こす原因にもなっている．その詳細については，後述することにする．

「スモールワールド性」とは，前述のミルグラムによるスモールワールド実験の知見をより数学的に定義したもので，現実のネットワークに存在するいくつかの特徴を示したものである．スモールワールド性には，次数の合計とクラスター係数，そして平均頂点間距離の3つの量に特徴がある．

スモールワールド性のあるネットワークには，頂点数が多いにもかかわらず，各頂点の次数の合計が，全てのノード数の数倍程度でしかなく，ネットワークの密度が低い，つまり粗いネットワークであるという特徴が挙げられる．N個のノードがあるグラフの場合に，完全グラフを成立させるためには，「$N(N-1)/2$」（ほぼN^2）の数だけの線が必要となる．しかし人間関係では，全ての知人関係が相互に知り合いだということはまずあり得ない．世界最大のソーシャルメディアであるFacebookには，前述のように9億人のユーザがいるとされているが，それら人々の間では，繋がりの数はかなり少ないはずである．つまり頂点数は大変多いが，それらの人々の間で密な関係が構築されているわけではない．このように，スモールワールド性を持ったネットワークでは，全リンク数が全ノード数の数倍程度しかないということが明らかになっている．

スモールワールド性の特徴の2番目として，そのネットワークのクラスター係数が，比較的大きいということが指摘できる．クラスター係数とはある頂点に接続している2つの頂点の間に，リンクがある割合を示している．例えば，自分の友人を2人任意に選んだ場合，その2人が友人同士である可能性は，全く関係のない人々から任意に選んだ2人が友人同士である確率よりも高いであろうことは，直感的に想像できるだろう．人間関係を代表とする現実世界のネットワークには，こうしたクラスター関係がたくさん含まれている．

ネットワーク内のリンクに全く規則性がない場合には，点（ノード）の数が大きくなると，クラスター係数は0に近づくはずである．しかし，現実に存在するネットワークでは，ノード群がクラスターとして塊になっており，クラスター係数が比較的大きな値をとる．多くの研究者によって，

現実の様々なネットワークのクラスター係数が計測されており，それらの値は 0.1 から 0.7 程度となることが明らかにされている．

　この 2 つの性質を持ったネットワークは，緊密な繋がりを持った塊が多く存在し，さらにそれらが相互に隔絶しているような構造をしている．これを現実の人間の社会関係で考えると，一つの例として社会学でしばしば指摘される概念である「準拠集団（Reference Group）」があげられる．準拠集団とは，個人の意見や態度，行動などの基準となる枠組みを提供する集団を意味する．家族，友人など近隣や所属する集団であることが多いが，かつて所属していた集団や将来所属したいと望んでいる集団も含まれる．

　これらの性質は，前述のように直感的に理解しやすく，おそらくソーシャルメディアのユーザは大多数が，自分を含むソーシャルグラフを，そういったものだと考えているはずである．しかし，これだけではスモールワールド性は実現されない．さらにもう 1 つの特徴として，平均頂点間距離の小ささが指摘できる．ネットワークの規模が大きくなると，ネットワークの総頂点数が大きくなるため，平均頂点間距離も増加する．特に，密度の低いネットワークの場合，任意の 2 頂点間の距離は急激に増大するはずである．例えば Facebook 上の任意の誰かとの距離は，9 億人ものユーザがいるため，相当大きな数になりそうである．

　しかし多くの現実のネットワークでは，平均頂点間距離はノード数の増大に対して，明らかに小さなものとなるという傾向にある．そのため，頂点数の増加に対して，平均頂点間距離の増加が緩やかなものになる．頂点 n の増大に対して，平均ノード間距離はほぼ「$\log(n)$」に比例する程度であることも明らかになってきている．ワッツらは，これらのような性質をスモールワールド性と総称したが，そこで重要なのは，多くのノードがクラスター状に集まっているにもかかわらず，平均頂点距離が小さいという点にある．

　なぜ，そういう現象が起こるのであろうか．実は現実のネットワークでは，クラスター同志を繋ぐ長距離のリンクが，ネットワーク全体に対して小さな平均頂点間距離を生み出していることが明らかになっている．ネットワーク中で，広く様々なノード群を繋げる役割を持ったノードを，グラ

フモデルでは「ブリッジ (Bridge)」と呼ぶ．つまり，クラスターを構築する近接するノードを繋ぐリンクの他に，クラスター間を結ぶような，近道（ショートカット）がブリッジとなって，その結果ノード間のパスが短くなるという，ネットワークの構造がその本質である．六次の繋がりによって世界が狭いと感じるのは，自分に近い人間関係（リンク）以外にも，多数の人間関係の塊（クラスター）が存在しており，それらがショートカットするブリッジによって繋がれて，小さな頂点間距離を持った結果である．

こうした小さな平均頂点間距離と，大きなクラスター係数を持つグラフを，数学モデルで表現しようとしたものが，「WS モデル」である．それは，ノードがクラスター状に集まっているにもかかわらず，ブリッジによってノード間のパスが短くなり，その結果，任意の 2 つのノードが，中間にわずかな数のノードを介するだけで接続されるという特徴を持つグラフなのである．

ソーシャルグラフは，人間の繋がりなので，このスモールワールド性を兼ね備えている．特に，ブリッジがショートカットをすることによる平均頂点間距離の小ささが重要なポイントである．ソーシャルメディアなどのシステムは，これらのスモールワールド性を，現実の人間関係以上に増幅する．個々のユーザにとっては，緊密なクラスターだけで構成されたコミュニティでの閉じたコミュニケーションのように見えるが，実際にはショートカットによって，ネットワーク上に広く伝播するという結果になるのである．リアルタイムの情報発信を旨とした Twitter が，しばしば犯罪の告白などを理由として炎上現象を起こすのは，まさにこの性質による．

2.5. べき分布とロングテール現象

グラフの考え方を，現実のネットワークに適用していくことで，数学モデルでは明らかにされなかったような，いろいろな性質が明らかにされていった．そうした一連の試みに対して重要な研究対象となったものが，インターネット上の Web ページである．Web ページには，ハイパーリンクという繋がり関係があり，インターネットというおそらく地球上で人間が

作り出した最大のネットワークの上での，様々な現象を考察するには，格好の研究対象である．

1999年に米国ノートルダム大学のアルバート＝ラズロ・バラバシ (Albert-László Barabási) らは，ウェブページのハイパーリンクによるネットワークを調べ，各ページが持つリンクに関して調査した．その結果，ネット上ではごく少数の有名なサイトが数多くのリンクを集める一方，ほとんどのサイトはわずかなリンク先からしかリンクされていないという傾向があることが明らかになった．『新ネットワーク思考』（アルバート＝ラズロ・バラバシ）によれば，当時のノートルダム大学のWebの32万ページのリンクが，82％のページは3つ以下のリンクしかないのに，42ページが1000以上のリンクで繋がっていた．また，インターネット上の2億300万ものウェブでは，その90％が10以下のリンクしかなかったが，3つは100万近いページから参照されていたとされている．

Webリンクをグラフモデル化すると，Webページそのものがノードとなり，そこに存在しているハイパーリンクがアークとなる．バラバシらは，このWebページのリンク数（次数）の分布が，「べき分布，べき乗分布 (Power Law Distribution)」という性質を持った分布に従うということを発見した．「べき分布」とは，「パレート分布」とも呼ばれるが，ある量が観察される確率が，何かの値のべき乗に比例するような分布現象を指している．

バラバシらによれば，ウェブの場合，ノードであるWebページの持つリンク数に対して，その数のリンクを持つノードの出現頻度が，リンク数の－3乗程度に比例するということが明らかにされた．リンクの数が2, 3程度のノード（ページ）は無数にあるが，100以上のリンク，1000以上のリンクとなっていくにしたがって頻度が極端に減少していくのである．

あるデータのばらつきが，平均値を境として前後同じ程度にばらついている状態を正規分布と呼ぶが，べき分布では，極端な値をとるデータがある一方，他のデータの頻度が減少しながら広く分布することになる．指数が負数の場合，図2-7に示すように，大きな値の方向に向かって曲線は長くなだらかに裾野を伸ばしていく．Webページのリンクで言えば，次数

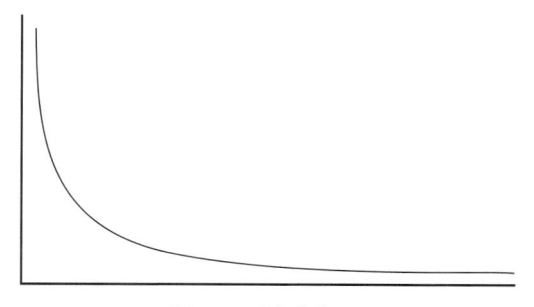

図2-7 べき分布

が2,3程度のページは無数と言えるほど存在し,極端な値をとる.しかし,より大きな次数を持つページは,その頻度が極端に減少するので,分布の裾が幅広く延びていくことになるのである.また,こうした飛び抜けた次数を持つノードが,前述した多くの次数を持つ「ハブ」である.バラバシらがWebページを基に明らかにしたように,インターネット上のネットワークは,少数のノードが膨大な次数を持ち,多数のノードはごくわずかなノードとしか繋がっていない.

　前述のように,論文の引用関係,言語の文法構造など,様々なネットワークにスモールワールド性が存在していたが,さらに少数の飛び抜けた値があり,さらに残りの大多数は比較的小さな値しかとらないようなべき分布現象には,その後の研究で,ここで述べたWebページのリンク数だけではなく,電子メールのやり取りや,性的関係など人間の繋がり関係にも含まれることが明らかにされていった.確かに人間関係で言えば,非常に多くの知人がいる人が少数いる一方で,それほど知人が多くはない大多数の人もいる.

　元々,自然や社会にはばらつきや偏りが存在しており,一部が全体に大きな影響を持っていることが多いという性質があるということは,イタリアの経済学者ヴィルフレド・パレート (Vilfredo Pareto) が19世紀の終わりにヨーロッパ経済を統計的に分析した結果として明らかにしている.経済活動では,全体の数値の大部分は,全体の一部の要素が生み出しているという説であり,通称パレートの法則と呼ばれているが,これはまさにべ

き分布で表される現象である．これは，俗に「80：20の法則」とも呼ばれることもある．全体が8割を占める要素と，残りの2割に分かれるということを意味するが，80：20の割合は厳密なものではなく，極端にばらつきのある分布を指すものとして使われている．

図2-8に示すのは，Facebookの支援サイトであるFacenaviの調査による，2011年9月の時点での，Facebookユーザの友達の数を調査したものである．ここで明らかなように，100人より少ないユーザが過半数を占めており，確かにべき分布となっている．

データの分布が正規分布の場合，その平均によってその集団の傾向を大まかに理解することができる．しかし，べき分布の場合，ごく少数の集団が全体の傾向を決定し，また長く伸びた裾野部分であるロングテール上には値がばらついて存在するため，平均値のようなデータの全体を代表する値や，それを測る尺度が存在しない．べき分布をしている集団の持つこうした性質を，「スケールフリー（Scale-Free）性」と呼び，こうしたネットワークを「スケールフリーネットワーク」と呼ぶ．前述の調査では2010年の時点で日本人Facebookユーザの，友達の数は平均29人だったものが，2011年9月現在での調査では，平均108人となっており，飛躍的に

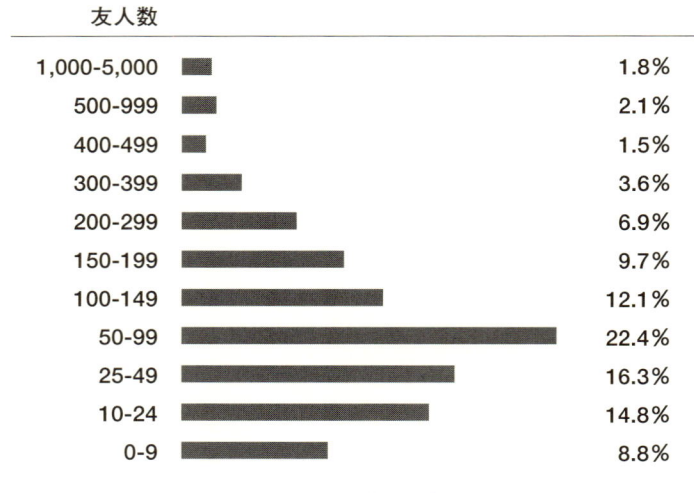

友人数	
1,000-5,000	1.8%
500-999	2.1%
400-499	1.5%
300-399	3.6%
200-299	6.9%
150-199	9.7%
100-149	12.1%
50-99	22.4%
25-49	16.3%
10-24	14.8%
0-9	8.8%

図2-8　Facebookユーザの友達の数（2011年9月）

伸びたと言われている．しかし，スケールフリー性を前提にすると，この数字は，必ずしもソーシャルメディアの実態を表したものではない．

前述のように，現実の人間関係においても，スケールフリー性が備わっていたが，ソーシャルメディアによって，そうした性質が増幅され，その結果ソーシャルグラフは，より極端なばらつきをすることになる．例えばTwitter のカリスマと呼ばれている勝間和代氏は，55万人以上ものフォロワーを持っている．おそらく現実世界でそこまでの友人や繋がりを持っているような人はまず存在しないだろうし，現実の同氏もそこまでの数の人間関係は持っていないだろう．その意味では，ソーシャルメディアが増幅した繋がりなのである．

この分布現象が大きな注目を集めたのは，アマゾンに代表されるインターネットでのビジネスモデルが切っ掛けだった．商品の売り上げについて考えてみると，いわゆる売れ筋商品が売り上げの大半を占める．音楽とか書籍などが理解しやすい例であるが，ヒット商品が大きな売り上げを占める．前述の 80：20 の法則で言えば，2 割の商品が 8 割の売り上げを占めることになる．しかしヒット商品は，多く発売される商品のごくわずかに過ぎず，その背後には多数の売れなかった商品がある．商品を，売り上げに占める割合（「価格×販売量」）で並べると，長く裾野の延びたべき分布となり，回転率の低い商品は右側の裾野に位置する．

ビジネスでは，在庫コストの関係で，できる限り売れ筋商品を揃えるが，アマゾンは IT を活用してコストを抑えることにより，残りの多くの売れなかった商品にも注力するようなビジネスモデルを実現した．ビジネスの世界では，特にこの長く伸びた裾野を，恐竜の長い尻尾になぞらえて「ロングテール」と呼ぶが，このロングテール部分を集めることにより，大きな売り上げを上げることが可能となるのである．Web2.0 のトレンドの中では，アマゾンのように成功したビジネスモデルを指すものとして，しばしばこのロングテールという言葉が使われた．しかし，べき分布現象は広く現実社会に存在するものであり，ロングテールはそれをネットの世界に取り込んだシステムと言えるであろう．

バラバシらは，べき分布による「スケールフリーネットワーク」のモデ

ルとして「バラバシ＝アルバートモデル（BAモデル）」を提起した．そこではまず，ネットワークの構造は固定したものではなく，常に成長していくものと考える．ネットワークの成長過程で，ノード同士はランダムにリンクを張り合うのではなく，リンクの多いノードほど多くのリンクを集めるという，「優先的選択（Preferential Attachment）」という原理に基づき，ネットワークが作られていく．その結果，高い次数を持ったハブほど，多くの新しいリンクが張られるというネットワークになる．この優先的選択は，前述した収穫逓増をもたらすこととなる．

要するに，成長するだけで優先的選択がなければハブはできないし，優先的な選択だけがあっても，成長性がなければ現実性を欠くという結果になってしまうのである．このように，バラバシらによる「スケールフリーモデル」によって，ネット上のハブの存在が説明できるようなモデルが作られたと言えるであろう．

2.6. 弱い紐帯の強さ

さらに，米国の社会学者マーク・グラノヴェッター（Mark Granovetter）が1973年に提起した，「弱い紐帯の強さ（The Strength of Weak Ties）」と呼ばれる社会的ネットワークの持つ特徴は，前述のスモールワールドと並び，現実のネットワークの性質を示すものとして重視されている．

グラノヴェッターは，1973年に労働者が職探しをするときのメカニズムを明らかにするための実証研究を行った結果の知見を，同名の論文で明らかにしている．そこでは，米国（ボストン郊外のニュートン市）に在住するホワイトカラーの男性282人を対象に，転職のために得た情報源などを調査した結果，人々が職を探す活動をする際には，人的ネットワークを用いて職を見つける割合が多く，さらにその中でも有効な紹介者となるのは，親友や家族などの身近な付き合いのある間柄ではなく，ごく稀に接するような間柄であることが明らかにされた．人の繋がりなので，ノードではなく「紐帯（Tie）」という用語を使い，緊密な繋がりを「強い紐帯」，比較的疎遠な関係を「弱い紐帯」と呼ぶ．その弱い紐帯が重要な役割を果たす

ので，その現象を「弱い紐帯の強さ」，「弱い紐帯の重要性」と呼んでいる．ちなみに，こうした弱い紐帯の持つ役割を代行するのが，就職サービスであると言っていいだろう．

　強い紐帯によって集まったクラスターでは，ネットワークを構成する人々に同質性や類似性が高く，その結果接触が頻繁ではあるが，逆にそこで交換される情報は相互に既知のものであることが多くなる．しかし弱い紐帯の元では人々の関係性が弱く，そのため未知の情報を持っている可能性が高く，それらは受け手にとって価値が高いことが多くある．また弱い関係にあるにもかかわらず，コミュニケーションを図るほど重要な情報がある，とも言えるだろう．弱い紐帯は強い紐帯のクラスター相互を繋げる機能を持ち，情報が広く伝播する上で非常に重要な役割を果たしている．つまり弱い紐帯には，媒介中心性を持ってクラスター同士を繋げる役割がある．

　ネットワーク中で，広く様々なノード群を繋げる役割を持ったノードをブリッジと呼ぶが，こうした弱い紐帯にはブリッジの範疇に入るものも存在する．グラノヴェッターの研究によって，強い紐帯では同質性の高さなどから求心力が働き，そのクラスターはネットワーク内で孤立する傾向となるが，ネットワーク内で情報伝播や相互理解を促進するためには，そこに弱い紐帯が必要だということが明らかになった．

　これは，社会的ネットワーク研究において非常に重要な知見となっただけではなく，例えばイノベーションや創造性研究の分野においても，弱い絆を持った組織のポテンシャルの高さなどが解明されていくことになった．例えば，企業など多様な人々の集合がもたらす創造性は，同一組織内や似たような環境にいる近しい存在の集合よりも，優れた結果をもたらすという一連の研究へと発展していったのである．

　さらに，シカゴ大学のロナルド・S・バート（Ronald S. Burt）は，特に経営戦略の側面から，この弱い紐帯の強さの考え方を発展させ，特に企業が競争優位を確立するためのネットワーク上の特性を明らかにした．それが前述の構造的空隙に基づくもので，バートは「構造的空隙の強さ」と呼んでいる．前述のように，構造的空隙とは自らと繋がりのある2者間に繋

がりがない状態を意味するが，そのような相手を結びつけるネットワーク上の位置にいることで得られる優位性として，情報利益と統制利益の2つが指摘されている．前者の情報利益は，ここで述べた「弱い紐帯の強さ」と同じように，相互に繋がりのない関係からの方がネットワークから得られる情報の多様性がより高くなり，構造的空隙は情報取得における優位性をもたらすということを意味する．後者の統制利益とは，相互に関係を持たない複数の相手とは，相手よりも多くの情報を保持することで，非対称的な関係を作り上げ，優位性を保つことができることを指す．例えば，自分が売りたい商品の値段を統制することなど，いわゆる漁夫の利にあたるような現象がある．

これに関連して，非常に興味深い実証研究がある．これはハーバード大学の医学者で，人気教授として知られるニコラス・クリスタキス (Nicholas Christakis) らによる『つながり ── 社会的ネットワークの驚くべき力』で述べられている例であるが，人間の集団による様々な社会現象に，いくつかの共通する規則が見出されたということが明らかにされている．

同書からの引用であるが，図2-9に示すグラフ図は，アメリカ中西部のある中規模高校の生徒同士の，性的な関係を示したものである．この相関図は，この高校で性感染症が広まったことを切っ掛けに，感染の拡大を防

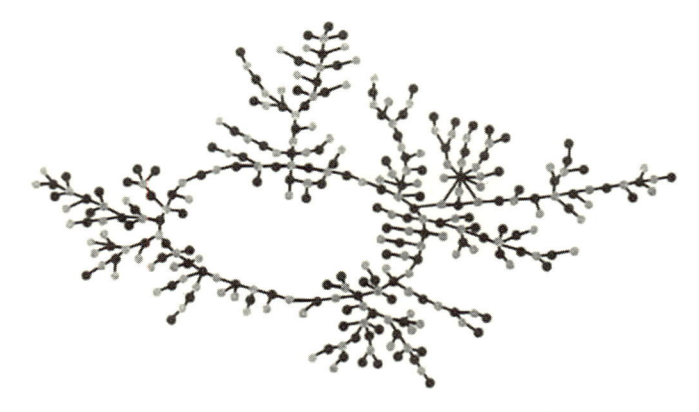

図 2-9 ある高校における生徒の性的関係図
(クリスタキス&ファウラー『つながり ── 社会的ネットワークの驚くべき力』(鬼澤忍訳，講談社, 2010) より)

ぐために，聞き取り調査によって作られたとのことである．つまり，現実世界の繋がり関係から作られたソーシャルグラフである．この場合，特定のパートナーとのみ付き合っている生徒は，病気に感染していないので，この相関図には現れていない．そのためこれは，特定の高校に所属するというデモグラフィック変数と，性的に積極的な嗜好を持つというサイコグラフィック変数による，ある種のインタレストグラフと言える．

　このグラフ図は，ごく規模の小さなもので視覚的に把握しやすいが，ここで示されているように，生徒たちのつながりは，明らかにいくつかの枝に分かれている．これらが，クラスターやグループであり，強い紐帯となる．興味深いのは，そのグループの中に，比較的多くの繋がりを持っている人が存在するが，これがハブに当たる．

　こうしたグループからは，グループ外への直接の繋がりがなく，ごく限られた人がグループ外との繋がりを持っている．さらに，特定のグループには所属せずに，こうしたグループ内外への媒介をするような人々を繋ぐような人が存在し，それらによって，グループ同士がゆるやかに繋がっている．同書では，本線（幹）と支線（枝）といった表現をしているが，これは，コミュニティの内外を示す，疎と密に対応すると言ってよいだろう．特に，学校内のように限られた人の集団では，環状に完結したソーシャルグラフになることが多い．こういった構造のソーシャルグラフにおいて，グループ相互を結ぶ繋がりが，弱い紐帯であり，それを構成するノードがブリッジに当たると言ってよいだろう．ここからわかるように，この弱い紐帯によって，グループを超えて感染症が広がっていったと考えることができる．これを情報に置き換えると，弱い紐帯の果たす役割が明確になるだろう．

　ここまで述べてきたように，近年になって現実のネットワークが持つ様々な性質が明らかになってきた．特に，スモールワールド性とスケールフリー性に基づいた新たなネットワークのモデルは，「複雑ネットワーク（Complex Network）」と呼ばれている．複雑ネットワークとは，現実世界に存在する巨大で複雑なネットワークの総称で，学問的には，多数の因子

が相互に影響しあうことでシステム全体の性質が決まるという，複雑系と呼ばれる研究に含まれる．またそれらの知見は，社会学，経済学，情報工学，生物学などの幅広い分野において事象を把握するのに有効であり，現在も様々な研究が進行している．

　ソーシャルグラフは，現実世界に存在する人間関係のモデルである．そのため，ここで述べたようなスモールワールド性やスケールフリー性は備わっており，クラスターやそれらを繋ぐ弱い紐帯，さらにはハブといった存在が重要な機能を果たしている．人間は均等，均質な存在ではない．それぞれが個性を持ち，自立的に意思決定し行動をしている．しかしここまでのモデルで見てきたように，グラフではできる限りネットワークの持つ個性を捨てて，構造を記述する．人間のネットワークで言えば各個人にあたる存在は，ノードとしてモデル化され，ネットワーク内では全て均質な存在として扱われる．つまりグラフモデルは，均質的（ホモジニアス；Homogeneous）なネットワークモデルであると言える．

　スケールフリーモデルで明らかになってきたように，実際のネットワークには，異質な存在も多く含まれている．例えば多くの次数を集めるハブといった存在は，人間のネットワークが決してホモジニアスなものではなく，異質なものを含むヘテロジニアス（Heterogeneous）な構造であることを意味している．人間そのものをモデル化したソーシャルグラフは，ヘテロジニアス性を前提としたモデルでなければならないし，ノードである人間そのものが持つ様々な性質をモデルとして包含する必要がある．

　実は，ヘテロジニアスな構造を前提としたネットワークの研究は，ミルグラムの弱い紐帯以降，ほとんど行われてはきていない．人間と，人間の集合によって生まれる現象にはどういうものがあり，それをどう記述するか，そこにソーシャルグラフを理解するための重要なポイントがある．今後ソーシャルグラフの研究で明らかにされねばならないのは，人間という存在が持つ様々な性質が，ネットワーク上でどのような意味を持つのかという点である．

3章
ソーシャルグラフはどう作られるか

1. ソーシャルグラフの実態

　グラフは点（ノード）と線（アーク）によって記述されるが，ソーシャルグラフは，ソーシャルメディア上の人々の繋がり関係に着目したグラフであるため，基本的にはノードは，ソーシャルメディアの各ユーザを表現したものであり，アークはその間の関係を記述したものとなる．ソーシャルメディアは，ソーシャルグラフを扱うシステムであるが，ソーシャルグラフだけがエンドユーザに提供されても，基本的には何のメリットもないため，どのシステムでも，ソーシャルグラフそのものを直接見ることはまずできない．しかし，ソーシャルメディアが提供する様々な機能は，全てソーシャルグラフを使って作られていると言っても過言ではない．つまりソーシャルメディアの機能的なコアが，ソーシャルグラフである．ここでは，いくつか具体例を挙げて，ソーシャルグラフの実際について考えてみることにする．

　前述のように，広い意味でのソーシャルメディアには，機能の観点から見て，人々の繋がりの構築を支援するものと，繋がりによって生まれた価値を利用するものの，2種類がある．前者は，システムが直接ソーシャルグラフの生成を行うが，後者はソーシャルグラフを使って新たなサービスを提供するため，ソーシャルグラフの応用システムと言える．

1.1. ソーシャルネット中のソーシャルグラフ

　システムが直接ソーシャルグラフの生成を行うものが，ソーシャルネットワーキングサービス（SNS）である．システムによって，コミュニティ支援や情報交換の機能などが異なっているが，ユーザが直接ソーシャルグラフを意識することはない．各システムでは，ユーザが独自のアカウントを持ち，自分のプロフィールを登録することができるが，さらにそれと合わせて，自らの繋がり関係をも記述することができる．ただしFacebookやmixiなど，繋がり関係を成立させるためには，承認を必要とするシステムと，Twitterのように一方的に関係を成立させることができるものとがある．前者の場合，コミュニケーションが相互に成立するためグラフは双方向となり，後者は片方向となる．繋がり関係では情報が流れるものと考えると，ソーシャルグラフは有向グラフとなるが，図1-7 に見るように，無向グラフとして描かれることが多い．

　さらにほとんどのシステムでは，関係の有無しか登録ができず，どういう繋がりなのかなど，関係の詳細は登録することができない．例えばmixiでは，そのユーザに対する他者からのコメントや評価をプロフィール中に書き込めるため，そこから関係性を推定することができる．しかしその内容に関しては任意であり，また全ての繋がり関係に関して書かれているわけでもない．またシステムが，その関係性を区別して扱っているわけでもない．

　図3-1 に示すのは，ある学生（注：仮名）のFacebookでのプロフィールであるが，ここで示すように364人の「友達」が登録されている．この学生の繋がり関係をグラフで記述すると，次数が364の1つのノードとなる．Facebookでは，繋がりを「友達」と呼んでいる．その繋がり先である364個のノードも，それぞれ繋がりを持っており，それらを辿っていくことで作られるのが，この学生を中心としたソーシャルグラフであり，グラフ図で表現すると，図3-2のようなイメージになる．

　これは，Facebookのデータを解析するサイトMyFnetwork（http://www.

図3-1 Facebook プロフィール

myfnetwork.com）によって出力されたもので，近年ではソーシャルメディアの分析を行うなど，様々な付加価値を与えるサービスも登場してきている．しかし，こうした繋がり関係だけを抽出しても，大して意味があることではない．ソーシャルネット上でソーシャルグラフがどのように使われるのか，そこからソーシャルグラフの抽出について考えていくことにする．

ソーシャルネットには，それぞれのシステムによってその目的には違いがあるが，基本的にはユーザの繋がり関係を深化させたり，拡大させたりといった機能が用意されている．例えばFacebookには，通称「友達かも？」機能と呼ばれるものがあり，図3-3に示すように，現実に繋がり関係のありそうなユーザが検索されて提示される．

これは，おそらくは共通する友人によって探されているものと推定され

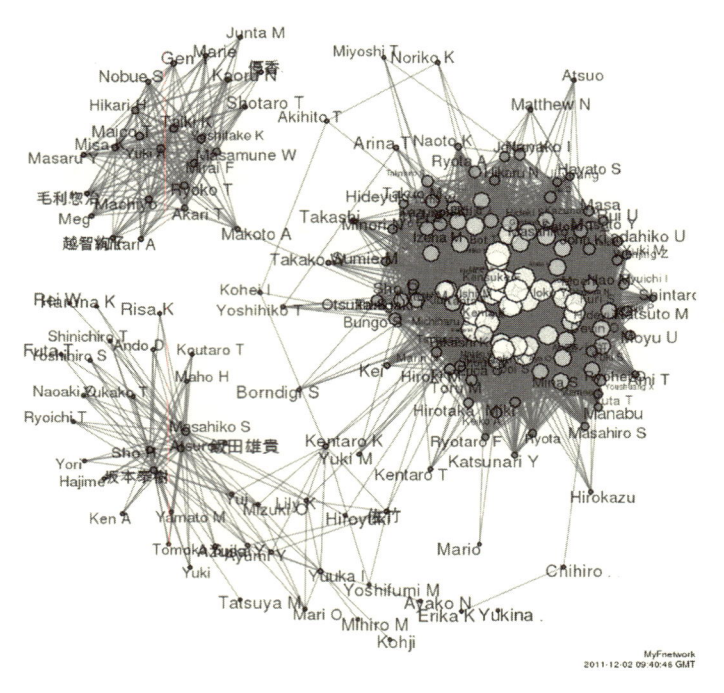

図 3-2　グラフ図の例

る．ネットワークの中のクラスタは，緊密な関係のグループが存在していることを意味するので，あるユーザの友人関係を元に，ユーザ同士が構成するクラスタを仮定すると，図 3-4 に示すように，新たな繋がりを探し出して実現することができるだろう．これは，明らかにソーシャルグラフが使われて実現されている機能である．ソーシャルメディアでは，ユーザの繋がり関係を明示的に設定できるため，このようにユーザ間の繋がりを抽出し，そこから新たな繋がり関係を探すことは容易である．

しかし Facebook ではさらに，クラスタ関係にはないユーザが示されることもある．これは，ネットなどでもしばしば話題になっているが，共通の友人がいないこのユーザは，なぜ「友達かも？」と判断されたのだろうか．そこでは「出身地や学校，勤務先の友達を簡単に見つけることができます」とされているように，ネットワークの構造だけから導き出された

3章 ソーシャルグラフはどう作られるか

図3-3 友達かも？

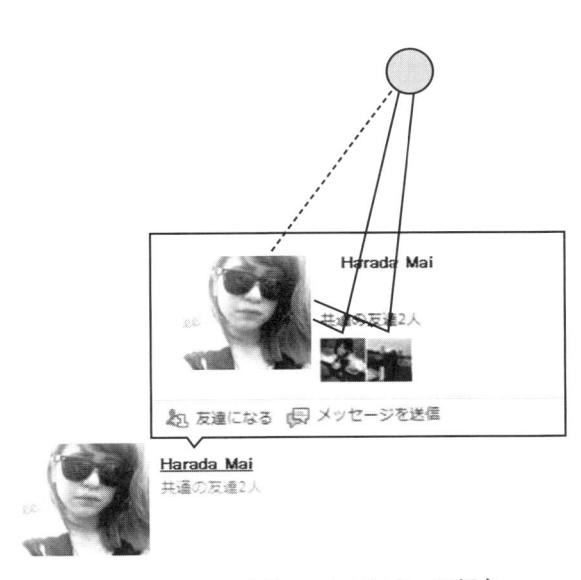

図3-4 クラスターの仮定

ユーザレコメンデーションではない．

前述のようにグラフでは，あくまで点と線によって対象とその繋がりを表現する．しかし，人間の繋がりでは，本来グラフでは記述されない様々な社会的要素が関わって関係性が成立する．ソーシャルメディアでは，この社会的な要素をも考慮して，クラスターを発見したり，あるいは関係の成立の可能性を推定しているのである．

このプロフィール情報を用いたものとして，Facebookには，同じ経歴，学歴などを持ったユーザを検索する「コネクションサーチ」という機能がある（図3-5）．これは，同じ学校や勤務先に所属することで繋がり関係が生まれる可能性があるという，いわば社会的な常識に基づいた検索である．

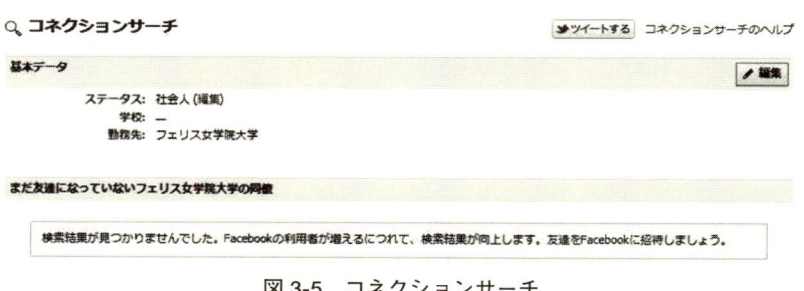

図3-5 コネクションサーチ

前述の「知り合いかも？」機能は，このコネクションサーチの拡張的なものと考えることができる．Facebookでは，「共通の友達，職歴・学歴，所属しているネットワーク，友達検索ツールでインポートした連絡先などの情報に基づいて，人が表示されます」と説明されている．例えばユーザ登録をする際に使用したメールアドレスが同じドメインの場合，同じ組織に属していることが推定される．このように，各ユーザの持つ属性によって繋がり関係の存在を推定するのが，そのメカニズムであり，共通する学校や勤務先が人々の媒介になってグラフを作り上げているということになる．

1.2. 属性によるソーシャルグラフの構築

　前述のように，人間の属性には，「デモグラフィック変数」と「サイコグラフィック変数」の2つがあるが，このコネクションサーチ機能は，主にこのデモグラフィック変数の中の社会的要素を示す変数に着目したものである．前述のように，デモグラフィック変数には，個人の基本データと，学歴や職歴など社会的要素，国や民族，地域などジオグラフィック要素，そして血液型その他のフィジカル要素などが含まれている．また内面的な心理的特性を示すサイコグラフィック変数には，宗教や政治的信条，趣味などが含まれる．それらを列挙すると，概ね表3-1のようになるだろう．

　特にサイコグラフィック変数は，現実世界ではあまり顕在化するものではない．おそらく相当親しい関係でなければ，その人の政治的な信条やライフスタイル，性的指向などは知らないはずである．しかし逆に，そうした要素に共通するものがあるとするならば，強固な関係性を築くこともできるだろう．特にFacebookでは，欧米的な志向なのかもしれないが，ユ

表3-1　ソーシャルプロフィール変数

デモグラフィック変数	性別
	年齢・世代
	家族・友人
社会的要素	学歴
	職業
	所得
ジオグラフィック変数	国・民族
	地域
フィジカル変数	血液型
	既往症

サイコグラフィック変数	宗教
	政治
	趣味
	関心事項

ーザプロフィールとして，そうしたサイコグラフィックな側面も細かく記述することが可能である．

デモグラフィック変数のうち，特に学歴や職歴など社会的要素は，人々が知り合ったり，関係を持つ切っ掛けとなる主要な要素である．また，国や民族，地域などジオグラフィック要素は，それらを強化する場合が多い．さらにサイコグラフィック変数は，現実世界ではあまり顕在化するものではなく，ネットワーク上で作られることが多い関係を生み出すベースとなる．

人々の間でこれらの変数の値が共通している場合，例えば同じ企業や同じ学校に所属している場合，そこには共同性が生じていると考えることができる．さらに，例えば教師と学生のように，値が共通していなくても，相互に関連する変数値をとる場合にも，共同性が生じているので，コミュニティとなる可能性を持っている．

つまり，人間の関係は，その属性に基づいて成立すると考えてよいだろう．特にソーシャルグラフを構築していくにおいて重要となるユーザのプロフィールを「ソーシャルプロフィール」と呼び，それらはデモグラフィック変数とサイコグラフィック変数から構成される．特定の人々の間で，これらの属性を表す変数値が共通している場合，そこには共同性が生じる可能性があり，さらに人々がその属性に関する繋がり意識，帰属意識を持った場合コミュニティが成立する．このように，個々のユーザが持つ属性と繋がりを明らかにしていくことで，システム中のソーシャルグラフを明らかにすることが可能である．

各システムでは様々なプロフィール情報と繋がり関係を登録することができるが，それぞれのシステムで登録可能な内容は大きく異なっている．項目内容としては，Facebookは，他のSNSよりも多様な情報を登録することが可能であるが，Twitterは字数の制限もあり，自由記述形式をとっている．これはシステムの機能や目的などによる違いであろう．

```
・繋がりの強さ
    強い紐帯
    弱い紐帯
・繋がりの根拠
    デモグラフィック変数
    サイコグラフィック変数
```

　なお，こうした属性を示す変数の他に，プロフィール情報には，名前，連絡先情報，Web アドレスなど，個人の識別情報も含まれる．しかしソーシャルグラフは，個人の特定のために構築するわけではないため，識別情報はソーシャルプロフィールとしては考慮されない．この詳細に関しては，「5 章　まとめ・個人情報とソーシャルメディア」で述べる．

　ソーシャルグラフは，Facebook のソーシャルグラフ，Twitter のソーシャルグラフなど，1 つのシステムを単位に構築される．しかし人間の関係は，システムとは別に成立するため，ソーシャルグラフはソーシャルメディア全体を単位にして考える必要がある．各システムは固有の API によって個々のユーザ情報を公開しているが，ソーシャルグラフは，それらを統合して構築されねばならない．前述のマッシュアップ手法も，そういった問題意識を背景にしている．

　ここまで述べてきたように，ソーシャルグラフとして記述される人々の繋がりは，大きくデモグラフィック変数，サイコグラフィック変数で明らかになる繋がりの根拠と，社会ネットワーク分析での強い紐帯，弱い紐帯で示されるような繋がりの強さの 2 つによって特徴付けられる．その詳細は後述するが，ソーシャルグラフの応用可能性を考える場合，こうした人々の繋がりの根拠と繋がりの強さの観点は重要である．

　それに基づいて既存のソーシャルメディアを整理すると，例えば Facebook は，世界規模かつ実名中心に使われているため，デモグラフィック変数を用いたパブリックな繋がり関係となることが多いが，mixi は当初招待制だったため，プライベートな繋がりが中心になる．どちらも，ユーザは原則として属性を明確にしており，さらに承認によって繋がり関

係が生まれるので，比較的強い紐帯をベースにしている．そこで成立するソーシャルグラフは，何らかの意味のある繋がりとして，様々なソーシャルサービスの基盤とすることが可能である．それに対して，Twitter の場合は，自由に繋がりを設定することが可能で，詳細なプロフィールの記述ができないため，どちらかと言えば，サイコグラフィック変数を中心とし，またリアルでの繋がりのない関係が多いといった，弱い紐帯にフォーカスしたものである．

　強い紐帯のうち，特に特定の企業や組織に所属しているという繋がりを支援するものとして，Salesforce（http://www.salesforce.com/）や Yammer（https://www.yammer.com/），日本のシステムとしては，サイボウズ Live（https://live.cybozu.co.jp/）などがあり，そこではスケジューラーやタスク管理など，イントラネットの拡張的な機能が提供されている．より上位の紐帯として，ビジネス上の関係性に着目したものとしては，LinkedIn（http://jp.linkedin.com/）を代表に，近年多くのものが登場してきている．さらに最も強い紐帯をターゲットにしたものとしては，例えばごく親しい家族や仲間たちと写真を共有するサービスの Path（https://path.com/）などがある．

　このように特定のシステム内で作られるソーシャルグラフは，人間の特定の属性や側面に基づいたものに過ぎない．オイラーは，複雑な事象をノードとアークのみによって単純化したグラフを提起したが，人間の繋がりに関しては，それだけでは不十分と言わざるを得ない．人々の属性に基づいた共通性が，関係を生み出しているとするならば，ソーシャルグラフでは，プロフィールを包含して考えた方が，人々の繋がり関係を把握することが容易になるはずである．旧来，こうしたサイコグラフィックに関するデータの有効性は知られてはいたが，主にパーソナル・インタビューやグループ・インタビュー，アンケートなどの手法を用いて収集するしかなく，それを効率的に取得する手段が存在していなかった．しかしソーシャルグラフを用いることで，それを可能にすることができるのである．これに関しては，「4 章 1.1. リスニング型ソーシャルリサーチの可能性」の項で，その具体的な応用に関して述べることにする．

1.3. ソーシャルグラフの特徴

以降には,実際のソーシャルグラフを元に,人の繋がりについて考察することで,その特徴を明らかにし,さらにグラフとしての表現について述べる.グラフとしてみた場合,ソーシャルグラフの特徴としては,① 属性の共通性,② 多重構造,③ 動的な繋がりの3点が指摘できる.

> ソーシャルグラフの特徴:
> ① 属性の共通性
> ② 多重構造
> ③ 動的な繋がり

前に例に挙げたある学生の Facebook でのプロフィールを例として考えてみる.この学生の繋がり関係をグラフにすると,次数が 364 の1つのノードとなる.これを図 3-2 のようにグラフ図で表現すると,そこに存在するクラスターなど,ネットワークの特徴を視覚的に把握することができるのは確かである.しかし人間の関係には,橋とは異なり,様々な種類が存在する.単に点と線で繋いだだけでは,必ずしもその実態が明らかになるわけではない.例えば Facebook では,全ての関係を「友達」として一括りにしてしまうが,人間関係において,全ての人が均等な繋がりである状態はまず考えられないだろう.

・属性の共通性

前述のように,人々の関係は共通する属性によって生まれてくることが多い.例えば同じ学校で学んだ場合,学歴という属性に共通性があるはずである.つまり,人間の持つ様々な属性によって,複数の関係が存在し得るのである.学歴だけ考えてみても,幼稚園,小学校から大学,大学院まで,人間は様々なレベルで他の人と関わりを持つが,それらはそれぞれ別々の繋がり関係を構成する.

学生の例で考えてみると，その364人の繋がり関係を，様々な属性に基づき整理した結果が表3-2である．例えば大学関係の友人は53人いるが，この53人は相互に同じ学歴（大学）というデモグラフィック変数を持ち，この学生のソーシャルグラフ中で，属性を共通する1つの纏まりとなっている．なお，この学生は小中一貫校だったため，小学校と中学校の繋がりを区別できず，このような内訳になっている．

表3-2 ある学生のFacebook上の繋がり関係

内訳	人数
幼稚園	8人
小、中学	80人
高校	72人
大学	53人
大学受験	7人
短期留学	1人
就活	17人
サークル	26人
バイト	34人
仕事	21人
親戚	1人
その他	58人

ネットの中に存在する緊密な関係には，こうした属性に共通性を持つ繋がり関係が多いと推定される．社会ネットワーク分析で使われる強い紐帯や，コミュニティ，グループなどと呼ばれる繋がりは，そのうちのひとつと考えることができるが，その実態は，構成員の持つ属性に何らかの共通性があるものであると言えるだろう．

クラスターは，あくまでもネットワーク上での緊密な繋がり関係で導き出されるものであったが，さらに個々の人々の属性に着目することで，ネットワーク中に存在する纏まり関係を明らかにすることができる．属性ごとのこうした纏まりは，グラフ図の中では部分グラフとなる．しかし全てが点と線だけで表現されるグラフ図では，属性に基づいた纏まりの存在は，明示的に記述することができない．図3-2に示したMyFnetworkでは，コ

ミュニケーションの量に基づいて，ノードの色調や大きさを変えて表現していたが，図式表現としてはわかりにくいのは否定できない．

このように，人々の関係性が属性によって生まれてくるとするならば，実際の人間関係においては，それぞれのデモグラフィック変数，サイコグラフィック変数ごとに繋がりが成立するはずであり，ソーシャルグラフは，人々の属性ごとにいくつも存在することになる．

・重複する繋がり

さらにこの学生の例で考えると，Facebook 上の繋がり関係は 364 人だが，表 3-2 の合計は 378 人である．これは例えば，高校時代の友人が同じ大学に進学したり，あるいは大学の友人が同じサークルに属するなど，繋がりが重なっているためである．人間関係では，必ずしも特定の属性のみによって繋がりが作られるというわけではなく，例えば同じ職業でありかつ同じ世代である場合など，複数の属性によって成立する関係も多い．

つまり，ソーシャルグラフでは，ノードの間が 1 つのアークだけで結ばれているわけではなく，複数のアークで結ばれている場合もあるということになる．グラフ理論では，複数のアークで結ばれたグラフを多重グラフと呼んでおり，数学モデルとしては除外されて考えることが多い．しかし現実の人間関係では，こうした関係は多々存在するし，そういった場合，関係性はより強固になることも多い．

こうしたソーシャルグラフの性質は，二次元平面で描かれたグラフ図では表現できない．属性ごとに作られた複数のソーシャルグラフが多重的に集まって実際のソーシャルグラフが作られるものと考えると，図 3-6 に示すようなイメージになる．

しかし実際問題として，多くの人々との関係を図 3-6 のように図式表現したとしても，複雑化するだけで，少なくとも可視化したメリットはあまりないのは否定できない．前述のように，グラフ理論では，数列表現を使うことによって処理が行いやすくなるが，ソーシャルグラフでは，こうした数列による表現が使われることはあまりない．しかしここで示したように，属性関係など，関係に付加的な情報を与えるという目的からは，この

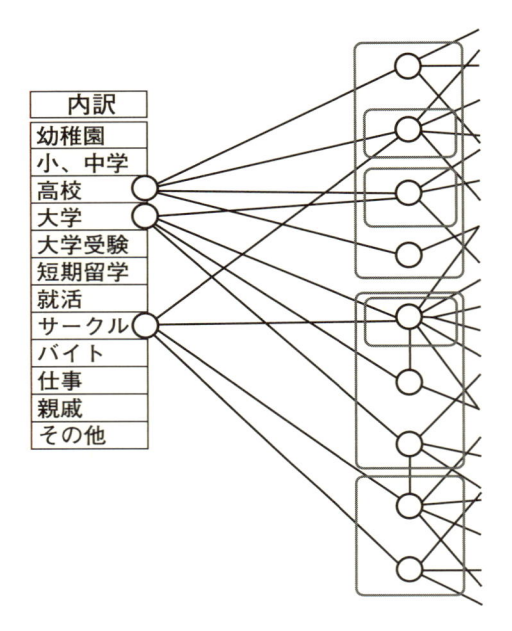

図 3-6　多重的なソーシャルグラフのイメージ

数列表現の形式は有効である．

　表 3-3 は，繋がりの根拠となる属性ごとに，直接接続しているノードとの関係を整理して数列表現した「属性関係図」の例である．これによって，それぞれの関係の多重性を見ることも可能である．

　人々の繋がりは，スモールワールド性を持ったものであるため，前述のように，次数を高々 5,6 程度経るだけで，全世界のほとんどの人間を含んだソーシャルグラフを作り上げることが，理論上は可能となってしまう．つまり，単に点と線でソーシャルグラフを構成するだけでは，極論すれば全世界の人々を繋げるに過ぎないのである．そのため，現実的には，こうした属性に基づいた関連性によって，繋がり関係を明らかにせねばならない．少なくとも，ソーシャルグラフには，関係の種類が反映されていなければ，利用可能性の低いものとなってしまう．

3章 ソーシャルグラフはどう作られるか

表3-3 属性関係図の数列表現

繋がりの根拠 \ ノード	A	B	C	..	計（繋がり毎のノード数）
幼稚園					8
小、中学	1				80
高校	1	1			72
大学	1	1			53
大学受験					7
短期留学					1
就活					17
サークル	1				26
バイト		1			34
仕事			1		21
親戚					1
その他					58
計（繋がりの多重度）	3	4	1		

・**動的な繋がり**

さらに，人々の関係性に関する重要な特徴のひとつとして，必ずしも固定的なものには限られないということが指摘できる．例えば，性別や過去の学歴，世代，民族など，デモグラフィック変数に関しては，基本的に変化はしない．しかし，嗜好や関心など，サイコグラフィック変数に関しては，おそらく常に変化するものではないだろうか．受け取る情報の内容に基づいて，関心を持つ人々も違うはずであるため，こうした繋がりは動的に生まれたり，消えたりすることも考えられる．

例えば社会学の領域では，人々の行動に関して，「インフォメーション・カスケード」あるいは「社会的感染」という現象が指摘される．これは，周囲の多数の人々の考え方に影響を受け，不確かな状態で個人の内面が一方向に変化していくさまを指している．人々が，意思決定に必要な情報が足りない状態を，「不確実（Uncertainty）」と言うが，「インフォメーション・カスケード」は，その不確実による判断が積み重なっていく状態であり，集合知の反対の状態と言えるだろう．小は商品のヒットから，大は金融市場における株価やバブルの発生，崩壊，さらには政治変革や社会革命などのプロセスなどにその例を見ることができる．

こうした現象がインターネット上で起こることを，アメリカの法律学者のキャス・サンスティーン（Cass Sunstein）が，著書『インターネットは民主主義の敵か』で，「サイバーカスケード」と呼んだ．そこでは主にネット掲示板などが想定されているが，不特定多数の人々が自由に情報交換を行うために，大規模，短時間に同様の意見を持った人間が結びつき，その結果として排他的な傾向を持つようになるとされている．

　現象の善し悪しは置いておいて，こうした人々の結びつきも，ある種のコミュニティと言えるだろう．その場合，コミュニティを構成する特定のニュースや出来事などに対する共通する意見は，価値観など人々の内面を示すサイコグラフィック変数が共通している結果だとも考えることができる．このように，人の属性を示す変数は，デモグラフィック変数のように，同じ値を持つことで直接関係が成立するような場合と，ここで示したサイコグラフィック変数のように，何らかの関係を生み出す基礎となって，可変的な関係を生み出すものの2種類があると言える．

　特に，人々の内面を示すサイコグラフィック変数が生み出す繋がりは，興味や趣味，関心などに基づいたものとして顕在化することが多い．そうした，興味，関心に基づいた人々の繋がりを，「インタレストグラフ（Interest Graph）」と呼んでいる．ソーシャルグラフは人間同士の相関図だが，インタレストグラフは内面の関心事項に基づいた相関図である．主にサイコグラフィック変数によって判断することができるが，例えば特定の職業や地域住民に共通する関心など，デモグラフィック変数によっても生み出される．さらに，特定のイベントへの参加や，特定の商品の購入など，人々の行動からも導き引き出すことができる．そのため，必ずしもソーシャルグラフ化されていない場合もある．例えば，企業や特定のブランド，商品などには固定的なファンがいる．シャネラーやマヨラーなどは名詞にもなっているし，Appleコンピュータや Starbucks，ラーメン二郎などは，コアなファンの存在も知られている．これらは，ブランドに強い興味を持つ，一種のインタレストグラフと考えられるだろう．インタレストグラフといった側面から，特に興味深い例としては，カラオケ機器製造会社のエクシング株式会社が運営するソーシャルサイト「うたスキ（http://joysound.

com/ex/utasuki/index.htm）」がある．これは，同社が経営するカラオケ店「ジョイサウンド」のユーザをターゲットにしたサービスで，企業側としては，カラオケに付加価値を与える新たなサービスに繋げるといった効果を狙ったものである．昨今では，昼間のカラオケボックスは，歌だけではなく，演奏やダンスまでも含んだ練習場として使われており，若者を中心としたヒップホップダンスから，シニア層による三味線や尺八の演奏まで，幅広い層のユーザがいる．「うたスキ」では，こうしたユーザのデータを元に，カラオケで歌った曲の点数や全国の順位を表示したり，同じような趣味を持つカラオケユーザとフレンド登録することができるといった，コミュニティ機能が提供されている．さらに，各店舗の個室にある有線を利用して，それらの動画や画像，音声データなどが「うたスキ」にアップされ，人々に共有されたりもしている．これは，カラオケや音楽という文化や設備によって媒介されたインタレストグラフをベースとしたサービスであり，新たな形のソーシャルメディアとしても，またソーシャルグラフの応用システムとしても注目されている．

　後述するように，ソーシャルグラフの応用においては，単なる人の繋がりではなく，繋がりに意味づけを与えたインタレストグラフの方が利用可能性は高いが，一般には両者が混同されているという傾向もある．実際にメジャーなソーシャルメディアでは，多くがどの人との繋がりが成立するかという点に重きが置かれており，繋がりの意味づけに関しては，あまり重視されていない．例えば，Twitterではフォローするユーザを選択するだけであり，またFacebookでは，前述のように様々な属性を登録できるが，それらが作られるソーシャルグラフの構造に影響を及ぼすわけではない．

　そういった点から注目されるのは，米Quora社によるSNSをベースにしたQ&AサイトのQuora（http://www.quora.com/）だろう．Quoraでは，図3-7に示すように，ユーザがフォローするトピックも選択しなければならない．それによって，ユーザの関心事項やユーザ同士の繋がりの持つ関連性を判断することが可能となる．つまりQuoraではソーシャルグラフとインタレストグラフの2つのグラフが，明示的に成立することになる．

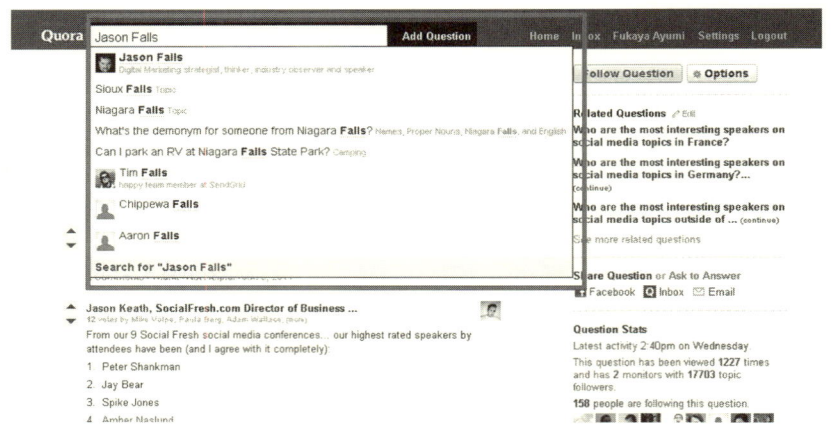

図 3-7　Quora

　このように，ソーシャルグラフは，単に人とその繋がりを点と線に置き換えたものではなく，人々の関係性に基づいて構築される，有意なものである．そのため，それは人間関係に介在する様々な特徴を備えたものであり，ここで述べたように，多重的な繋がりを持ち，また動的に作られたりもするということになる．

2. ソーシャルプロフィールの取得とグラフの構築

2.1. グラフ API と仕様争い

　ここまで述べてきたように，それぞれのソーシャルメディアでは，固有のソーシャルグラフを構築しており，多くがそれらを外部に公開して，システムを超えた共有を目指している．ただし，ソーシャルグラフそのものを公開するのではなく，システムの外部からソーシャルメディア内のデータを利用する API として提供されている．
　特に，ソーシャルグラフそのものを扱う API を，グラフ API と総称する．ソーシャルグラフを扱う API が公開されていれば，それを経由して

様々なアプリケーションソフトがソーシャルメディアそのものと相互運用性を持つことができるようになる．これは，ソーシャルグラフを特定のシステム中に閉じた世界から，外部に情報を引き出し，異なるサービスの間で共有させることを目指すという元々の方向性から見て，非常に重要な技術である．

ただしそこには公開方法や仕様などに基づいた主導権争いがあり，大きくは，Facebookによる「オープングラフ（Open Graph）」と，Googleによる「オープンソーシャル（Open Social）」という2つの仕様がある．

「Open Graph（オープングラフ）」はWeb上の様々なサイト上に点在するソーシャルグラフを，Facebookのソーシャルグラフを中心に結んでいこうとするという考えに基づいたもので，「Graph API」「Open Graphプロトコル」「Socialプラグイン」と呼ばれる3つの要素から構成されている．これに対して「オープンソーシャル」は，2007年にGoogleによって提起されたもので，ソーシャルメディアを使ったアプリケーションを開発するための，共通した仕様をAPIとして定めたものである．

両者は，ソーシャルグラフをシステムの外部からも利用可能とするという目的としては共通している．しかしソーシャルグラフそのものをオープンにしていくという方向性を持つオープンソーシャルに対して，オープングラフは最大のソーシャルメディアシステムであるFacebookを中心に，様々なシステムの持つソーシャルグラフを統合していこうとするものである．そのためオープングラフでは，APIだけではなく，例えば他のWebページにソーシャルグラフに結びつくような機能を付加するためのツール群である，「ソーシャル・プラグイン」なども含まれている．しかしその場合，基本的にFacebookのアカウントが必要となるため，結果として全てのシステムがFacebookに繋がっていくという方向性に対しては様々な批判もある．Myspace, Friendster, mixi, さらにモバゲー（ディー・エヌ・エー），goo, GREEなど大手ソーシャルメディアでは，オープンソーシャルベースのAPIを提供している．ソーシャルグラフを巡る2つの仕様が拮抗し，グラフAPIの標準化やそれを通したソーシャルグラフの獲得などが繰り広げられるであろうが，それはソーシャルグラフの重要性を表し

ていることに外ならない．

　しかし，重要なポイントであるが，どのシステムでも，ソーシャルグラフだけを直接取得することはできない．またそれだけを取得しても，単にそのシステムで，特定のユーザ間に何らかの繋がりがあることが明らかになるだけでしかないため，大して意味のあることではない．

　ソーシャルグラフの提唱者であるフィッツパトリックは，論文「Thoughts on the Social Graph」で，グラフ API に必要とされる機能に関して述べている．例えば，① 「あるソーシャルグラフ中にあるノード（人）と同じ人を示すノードを別のシステムから抽出する」，② 「あるノードに出入りするアークを抽出する」，③ 「それらのノードが繋げているノードを抽出する」，さらに，④ 「あるサイトでの繋がり関係があるが他のサイトでは関係を築いていないノードを調べる」，などの機能が提起されている．このうち ① と ④ は，複数のシステム間のソーシャルグラフを前提とするため，本来アプリケーション側で処理すべきことである．システムの中にあるソーシャルグラフを外部に再構築するためには，このように，基本的にはノードとその間のアークを抽出する必要がある．

　ソーシャルメディアで API を経由して公開されているのは，主にユーザのプロフィール情報である．例えば Facebook では，図 3-1 に示したように，多くのプロフィール項目を登録できるが，API を用いて，こうしたユーザのプロフィールを，ひとまとまりのデータとして取得できる．その場合，データを保持するサーバとは，通常の Web と同じように HTTP プロトコルで接続してデータを取得するが，API サーバとして使われている Web のアドレスを，リクエスト URL と呼ぶ．

　Facebook では，「https://graph.facebook.com/ID」のように，ユーザ ID を使ってプロフィールデータを取得することができるが，表 3-4 にはその内容の一部を示す．

　各システムから入手できるデータは，普通 XML あるいは JSON を用いたデータ構造となっている．XML（eXtensible Markup Language），JSON（JavaScript Object Notation）とも，テキストベースのデータフォーマットであり，基本的にはユーザのプロフィールを示す項目ごとに整理されたデー

表3-4　Facebook APIから取得できるプロフィールデータの一部

フィールド名	概要
id	FacebookID
name	フルネーム
first_name	名
middle_name	ミドルネーム
last_name	姓
gender	性別
locale	ロケール
language	言語
link	プロフィールページのアドレス
username	ユーザネーム
third_party_id	識別子
timezone	タイムゾーン
updated_time	プロフィールの最終更新日時
verified	ユーザが確認済みかどうか
bio	バイオグラフィ
birthday	誕生日
education	学歴
email	メールアドレス
hometown	出身地
interested_in	恋愛対象
locatin	居住地
political	政治観
quotes	好きな言葉
relationship_status	交際ステータス
religion	宗教・信仰
significant_other	配偶者
video_upload_limits	動画のアップロード上限
website	ウェブサイト
work	経歴

タとなっている．図3-1に示したユーザのデータを，FacebookのAPI経由で取得したJASON形式の文字列は以下のようになる．

　　{
　　　"id"："100001076034041"，
　　　"name"："Risako Aoyama"，
　　　"first_name"："Risako"，
　　　"last_name"："Aoyama"，
　　　"link"："http://www.facebook.com/risakoaoyama"，
　　　"username"："risakoaoyama"，
　　　"gender"："female"，

```
      "locale" : "ja_JP"
   }
```

ソーシャルメディアでは，このようにして一連のデータを取得することができるが，この Facebook の例でわかるように，直接ソーシャルグラフや繋がりを API が提供するわけではなく，個々のユーザのプロフィール情報として取得されるという点が特徴的である．

Facebook の場合，個々のユーザのプロフィール情報中の詳細な情報を以下のリクエスト URL で取得することができる．

「https://graph.facebook.com/ID/オブジェクトの種類」

Facebook の Graph API のドキュメントによれば，この「オブジェクトの種類」には，ユーザがプロフィールとして記述できるものや投稿したメッセージ，写真，イベントなどが含まれている．例えばユーザがウォールに投稿したメッセージは，

「https://graph.facebook.com/ID/posts」

といった形式で取得できる．その中に人の繋がりも含まれており，友達「friends」，友達リスト「friendlists」や参加しているグループ「groups」などを取得することができる．

このように，API を経由して取得できる情報は，基本的には特定のユーザに関する様々な情報から構成されており，他のユーザとの繋がり関係も，その中のひとつでしか過ぎない．そのため，ノードを抽出し，それらの間の関係を記述していくのは，API そのものではなく，それらを利用するアプリケーション側の作業である．基本的には，① 特定のユーザをノードとする，② API を使ってそのユーザと繋がりのあるユーザを抽出する，といった処理を，図3-8 に示すように，再帰的に繰り返す必要があるのである．

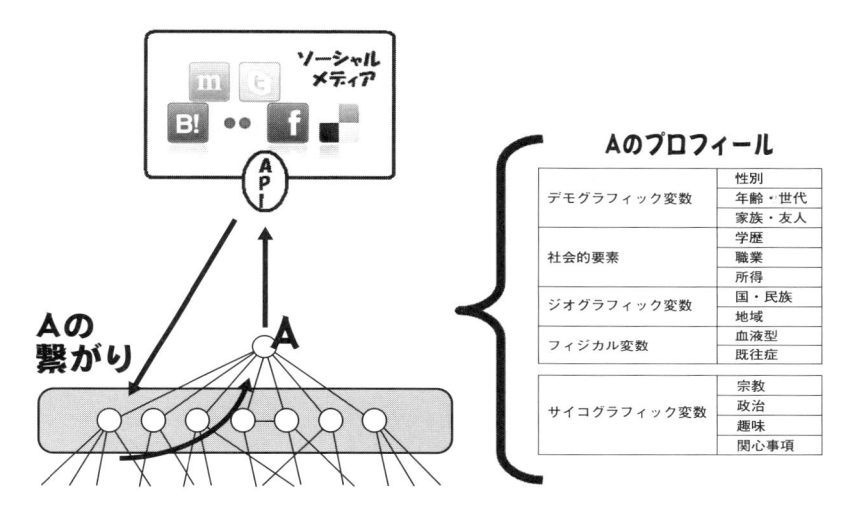

図3-8　ソーシャルプロフィールの抽出とソーシャルグラフの構築

　しかしこのようにして抽出できるのは，あくまでも特定のユーザ同士の繋がりの有無でしかない．前述のように，橋とは違って人間の繋がりには様々な種類，形態があり，その関係性がなぜ生じているのかを明らかにしなければ，ソーシャルグラフ自体は明らかになったとは言えないし，またそれを利用することもできない．前述のように，人々の属性を示すデモグラフィック変数とサイコグラフィック変数が，その関係性を生み出す要素となるので，ソーシャルグラフを構築するためには，それらの情報に関しても含めて分析しなければならない．以降には，このソーシャルプロフィールを用いたソーシャルグラフの構築に関して述べていくことにする．

2.2. ソーシャルプロフィールの分析による関係の抽出

　ユーザのプロフィールに関しては，Facebookのように年齢，職業，性別など細かく項目別に登録できるものと，Twitterのように自由形式のものとに大別される．前者は，項目別に整理されているので，解析するのは容易である．しかし後者は，プロフィール情報の登録が自由形式なので，

分析するためには自然言語処理などの技術を必要とする．また前者では，主にデモグラフィック変数を中心にプロフィール化される．人の内面を示すサイコグラフィック変数に関しては，項目化するのが難しく，Facebookでは，政治観，宗教・信仰，恋愛対象程度である．

筆者らの調査では，Twitterのように自由形式のプロフィール記述ができるシステムでは，どちらかと言えば，サイコグラフィック変数的な内容が書かれることが多いようである．さらに興味深いのは，特にTwitterの場合，アイコン画像にデモグラフィック変数の要素を込めるユーザが多いという点である．右翼寄りの人々が，アイコンに日の丸を付けている例や，支持政党や宗教関係のシンボルなどが使われている例もある．そこから，そのユーザのサイコグラフィック変数を抽出することも可能であろう．

ある例として，主にTwitterで引き起こされた多くの炎上現象で，興味深い傾向が見られた．Twitterでは，不用意な発言が波紋を呼んで，非難が殺到したり，個人情報が晒されるなどの反応がしばしば起こっている．そのそれぞれに関する詳細はここでは述べないが，そうした炎上現象に積極的に加担する人々のアイコンには，明らかにある共通する特徴があるということも明らかになっている．そこからどういったサイコグラフィック要素が抽出できるかは，より詳細な分析が必要ではあろうが，特定の出来事に対する共通した反応から，ある種の価値観のようなものが推定できるのは確かである．

このように抽出したユーザの属性によって，ソーシャルグラフ上で繋がりのある人との間の関係の内容を明らかにすることが可能である．ユーザの持つプロフィール上の属性で考えた場合，関係のあり方には2種類が存在すると言えるだろう．まずここまで述べてきたように，属性が同じ場合，つまり同じ学校や会社に所属する，あるいは出身地が同じ，世代が同じなど，様々な共通性は，人々の間に関係性を生み出すはずである．主に，コミュニティやクラスターなどは，こういった関係性を指している．

しかし，属性そのものは異なっているが，そこに関係性が存在する場合もある．例えば，同じ学校の学生と教師の場合，同じ学校という共通性があるが，属性としては学歴と職業という違いがある．

こうした属性の異なる関係性には，いくつかの種類がある．例えば学生と教師は，特定の学校を媒介にした繋がりであるが，それはどちらも「学校」を構成する要素のうちのひとつだと考えることができる．こうした関係を，オブジェクト指向技術やERモデルなど，いわゆるデータモデリングでは，「Part-of関係（部分概念・全体概念）」と呼んでいる．同じ学校の学生と教師や，同じ病院の医者と患者などの繋がりは，このようにして明らかにすることができる．

　さらに，「Is-a関係（上位概念・下位概念）」と呼ばれる概念関係もある．例えば，歯科医と外科医は，異なった職業であり，そこには属性に基づいた繋がりを見出すことはできない．しかし，どちらも医師であるため，歯科医と外科医は，医師という抽象的な概念によって関係性を持つことになる．これがIs-a関係である．このように，他の概念や用語，実体などを媒介にして，属性の異なった人々の関係が生まれる場合がある．その場合，対象領域の知識がなければ，Is-a関係やPart-of関係を，明らかにできないことも多い．

　ソーシャルグラフは，人々の繋がりの存在だけを，点を結ぶ線のみで表現する．そのため，このようにして抽出した関係の内容を，明示的に表現する方法を持たない．人々の知識など，概念間の関係を記述する手法には「概念マッピング（Concept Maps）」などがある．これは，概念と概念をラベル付きの矢印で連結して，概念相互の関係を視覚化するもので，グラフ表現の拡張的なものと考えることができる．オブジェクト指向技術は，設計技法として考えた場合，こうした概念マッピングの範疇にあるひとつの手法であり，人間の関係を記述するという意味では，ソーシャルグラフと親和性が非常に高い．

　オブジェクト指向技術では，システム化をする対象を，相互に関連し作用するオブジェクト（モノ）の集合として捉えることで，複雑な対象を簡潔化して扱うことが可能である．元々オブジェクト指向技術は，より優れたプログラムを作成するための技術として誕生したが，システム分析，設計の手法としても進化を遂げてきている．特に，オブジェクトやオブジェクトが属するクラスの間の様々な関係を表現するための，「統一モデリン

グ言語・UML（Unified Modeling Language）」が標準化されたため，システム開発においては重要な技術となっている．

UMLは，主に対象の静的な構造を示す「構造図」と，その動的な振る舞いを記述する「振る舞い図」から構成されるが，ソーシャルグラフの関係を表現するためには，構造図を使うことができる．UMLの構造図は，クラス図，コンポーネント図，オブジェクト図，パッケージ図など，表現するための観点が異なる複数の表現図を含んでいる．ソーシャルグラフでは，それらのうち特に，システムを構成するクラス（概念）とそれらの間の関連の構造を表現するためのクラス図を用いて，関係性を整理することができる．クラス図では，前述のIs-a関係と，Part-of関係が重要なクラス間の関係として抽出，記述される．さらに，Is-a関係には，汎化（Generalization），特殊化（Specialization），Part-of関係には，集約（Aggregation），合成（Composition）といった構造があり得ることも明らかにされている．

図3-9には，UMLのクラス構造図を用いたそれらの関係の表現を示す．図の左では，歯科医と外科医が医師という概念で媒介されており，「外科医 is a 医師」，「歯科医 is a 医師」関係を示す．図の右に示す部分・全体関係では，「教師 part of 学校」の他に，「学生 part of 学校」や「事務職 part of 学校」などが表される．

さらにUMLでは，こうした抽象化された関係の他に，概念や用語相互

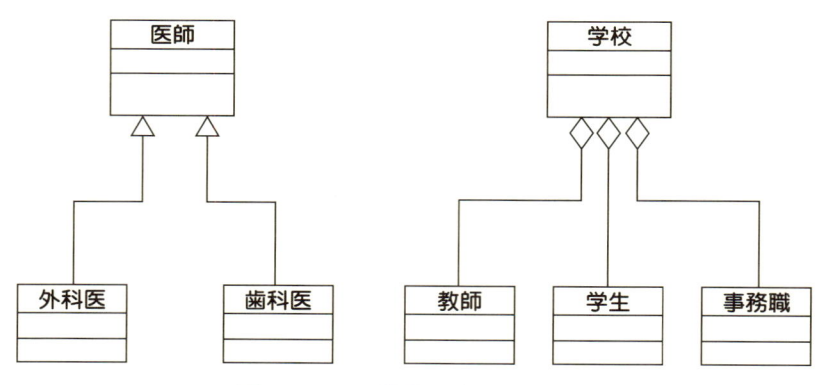

図3-9　クラス構造図（関係構造図）

の関係として，関連（Association）や依存関係（Dependency）など，より緩い繋がりをも記述することができる．さらに，N項関連や誘導可能性（isNavigable），多重度（Multiplicity）など，関係に対する様々な制約を記述することで，人々の様々な繋がりのパターンを明らかにしていくことが可能となる．

このように，UMLを適用することで，ソーシャルグラフに基づいた概念マップを作り上げることができることになる．特に，ソーシャルグラフに特化させたクラス構造図を，「関係構造図」と呼ぶ．オブジェクト指向技術に基づいたUMLを用いることで，ソーシャルグラフのデータベース化やシステム化も，効率よく行うことができる．

ここまで述べてきたように，ソーシャルグラフは，本質的に人間の関係を単純化してデータ化したものに外ならない．図にすることで，その特徴を把握することができるし，またグラフそのものは，コンピュータを用いて数学的に操作することができる．ソーシャルグラフは，元々ノードとアークで記述された二次元平面の「グラフ図」で表現され，そこからクラスター構造などを明らかにすることができる．しかし，グラフ図では属性の間の関係や，多重的な繋がりなどが表現されないため，三次元で表現された「属性関係図」（図3-6，表3-3）を使うことで，それらを記述できる．さらに，関係の詳細や制約などを表現するために，UMLベースの「関係構造図」（図3-9）を用いることで，ソーシャルグラフを詳細化することが可能になる．つまり，ソーシャルグラフは，1つの図だけでは記述することはできないような構造をとっているのである．

ここで述べてきたように，ソーシャルグラフは，システム中のあるユーザの繋がりから抽出されるが，あくまでも人間の関係であるため，その繋がりに対して，説明づける必要がある．それは，プロフィールから属性を抽出することにより，明らかになる．さらに抽出したソーシャルグラフを使って，新たに関係を生み出したり，推定したりすることも可能である．これを用いたもののひとつが，前述のユーザリコメンデーションである．

このように人々の属性を抽出することで，人々の特定の情報に対する関心や前提知識の有無などを明らかにしていくことになる．つまりソーシャ

ルグラフは，情報の流れという観点から見ると，情報が伝わる経路だけではなく，情報の流れをも示したインタレストグラフとしての側面をも持つことになる．ソーシャルグラフの繋がりは，そのまま情報の流れを意味するわけではないという点を強調しておく．

4章 ソーシャルグラフはどう使われるのか

　最近，ソーシャルという冠詞を持った用語が増えてきた．言うまでもなく，英語の「Social」とは「社会の」，「社会的」といった意味を持つ英語であるが，それをカタカナでソーシャルと表現する場合，概ね2つの意味合いで使われることが多い．ソーシャルビジネスやソーシャルエンタープライズなど，社会貢献といった意味で，経済活動における社会との関わりを示す場合と，本書で述べている，ソーシャルメディア，ソーシャルグラフなどと同じような意味を持った，人々の繋がりを意味する用例がある．言うまでもなく，本書で取り上げるのは後者である．簡単に言ってしまえば，それらの多くが，現在ソーシャルグラフやソーシャルメディアの応用として考えられているものであると言ってよいだろう．

　例えばGoogleで「ソーシャル」と検索しようとすると，図4-1のよう

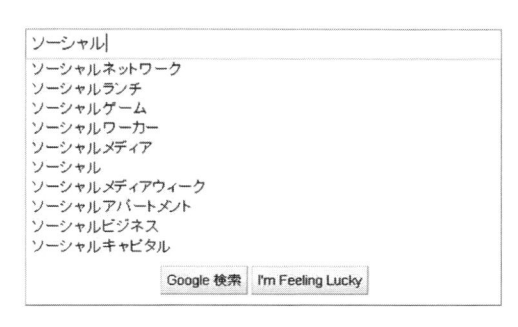

図4-1　ソーシャルの関連用語

に，関連用語として多くの用語が提示されるが，特に後者に関して言えば，「ソーシャル」という言葉は，概ね，① 現実世界と何らかの接点を持った技術の総称，② 複数の人間が何らかの形で関与するようなシステムや製品を指す場合，といったニュアンスで使われている．

① の意味では，技術用語として比較的古くから使われており，例えばシステム管理者の会話やメモ，書類などからハッキングする技術を指すソーシャルエンジニアリング，ソーシャルハックといった用語がある．これは，技術の中に人間的な要素を包含しているものを意味すると言ってよい．

昨今使われ始めたものは，多くが ② の意味で使われている．ざっと挙げてみても，ソーシャルブックマーク，ソーシャルゲーム，ソーシャル IME，ソーシャル CRM，さらにソーシャルランチ，ソーシャルアパートメントなどといったものまで，多くが存在する．しかし必ずしも，それらの全てがソーシャルグラフの応用というわけではなく，多くの人間が関わるだけでは，ソーシャルグラフの利点や機能を享受できるわけではない．多くの人が情報の生成や発信に関わるという意味では，2 ちゃんねるのような匿名掲示板なども，その範疇に入るが，おそらく誰もそれをソーシャルメディアとは呼ばないだろう．

端的に言えば，そのシステムのユーザが，他のユーザや他の人々との繋がりを意識しているか，あるいはシステムが人々の繋がりを利用しているか，それが重要なポイントである．つまり人間がシステムの重要な構成要素であり，さらに単に複数の人間が関わるだけではなく，それらの間の繋がりが用いられている必要がある．これは言い換えれば，既存の様々なシステムにソーシャルグラフを用いたこうしたメカニズムを導入することで，新たにソーシャルな性質を持った価値のある応用システムを作り上げることができるということでもある．

では，ソーシャルグラフは，どのように利用できるのか，システムの中でそれがどう機能するのか，それがここでのテーマである．ここではそれらに関して具体的に考えていくことにする．

ソーシャルグラフそのものの使い方を考える場合，様々な観点があると思われるが，ここでは，ソーシャルグラフのどこに着目するかに基づき，

① 繋がりそのものに着目するものと，② 繋がりの持つ機能に着目するものに大別した．これらは相互に関連しており，必ずしも明確に区別されるものではないだろう．

```
① 繋がりそのものに着目するもの
   ・繋がりから新たな価値を生み出すもの
   ・繋がりを分析するもの
② 繋がりの持つ機能に着目するもの
   ・集合知に基づくもの
   ・コミュニティ機能に基づくもの
```

前者は，ソーシャルグラフが人間の何らかの関係を持った繋がりだというソーシャルグラフの構造を利用するもので，さらに，繋がりから新たな価値を生み出すものと，繋がりを対象としてその分析を行うものがある．「繋がりから新たな価値を生み出す」ものとしては，「レコメンダシステム」がその例である．前述の「ユーザレコメンデーション」は，新たな繋がりを生み出すという意味で，この範疇に含まれる．また，「繋がりを対象としてその分析を行うもの」としては，ソーシャルメディアを利用した世論調査の一種である，「ソーシャルリサーチ」などが挙げられる．

後者は，人々の繋がりが生み出す機能に着目するもので，例えば，前述のソーシャルフィルタリングなど，集合知，集団的知性に基づいたものと，人々のコミュニティ機能に基づいたものなどを挙げることができる．これは，ソーシャルグラフを「情報処理システム」と考えるか，あるいは「複数の人間がコミュニケーションを行う場」と考えるかといった，捉え方の違いでもある．この集団的知性を用いた応用が，現在は一番多く試みられており，意思決定，問題解決，評価など様々な形での知的作業が，ソーシャルグラフを基に試みられている．

ソーシャルグラフを用いたコミュニティ機能は，独立した応用というよりは，集団知性の応用システムに，さらに付加的な機能として提供されているものが多い．その例としては，「ソーシャルゲーム」が挙げられる．

「ソーシャルゲーム」とは，ユーザ同士が助け合ったり，コミュニケーションをとったりしながらプレイするオンラインゲームのことである．多くがSNSと連動して提供されており，SNSが本来持つコミュニティ支援機能などと組み合わされているという点が，最大の特徴となっている．

ゲームの種類によっても異なっているが，ゲーム自体は単純で短時間で気楽に遊べるものが多い．ソーシャルゲームの代表的な存在として知られているカプコン社の「モンスターハンター」（図4-2）を例にすれば，基本的にはモンスターを倒すという単純なゲームであるが，その単純作業を，Bluetooth通信機能を使ってユーザの協同作業で行うなど，人の繋がりを様々な形で利用するという点に大きな特徴があると言ってよいだろう．これは，集団的知性のひとつの応用システムと言える．実際に，2011年にライフネット生命保険が行ったモンスターハンターの調査では，優越感や自己顕示欲を満足させる点が面白いという意見が大勢を占めていたというアンケート結果が明らかにされている．

ソーシャルゲームは，課金システムや未成年を巻き込んだ犯罪など，若干社会的に批判されている側面もあるが，技術的に見れば，既存のオンラ

図 4-2　ソーシャルゲーム・モンスターハンター （よしもとニュースセンターより）

インゲームに，人の繋がりを加味したものであり，ソーシャルグラフを様々に用いることで，より高度で面白いゲームとしていく可能性を持っていると言ってよいだろう．

このコミュニティ機能に関しては，ネットの中だけで完結しているものではなく，FacebookなどのSNSで構築されたソーシャルグラフを基に，現実世界と何らかの関係を持つようなシステムも存在する．最近話題になっている，コミュニティを基にしたソーシャルアパートメントや，Facebookのユーザ同士でのランチ仲間を見つけ出すサービスであるソーシャルランチなどは，その範囲に含まれる．

特に注目されるのは，実際の商品そのものに他の商品のレコメンデーションを埋め込んだ商品の登場である．ソーシャルメディアを用いた広告への応用を，ソーシャルアドと呼ぶことがあるが，社会的にはまだまだ様々な試みがなされている途中である．そのひとつの例として，非常に興味深い試みがある．図4-3に示すのは，味の素株式会社の商品である「クノールカップスープ」の中袋であるが，そこに自社の関連商品の広告が載せら

図4-3　クノールカップスープ・商品内広告

れている．同社によれば，当該商品は朝食で食べるユーザが多いそうだが，昼食以降向けに若干値段設定の高い高質な商品をレコメンドしているのである．この商品広告を目にしているユーザは，既にその商品を購入しており，そこからインタレストグラフを推定することが可能である．この詳細については，レコメンダシステムのところで述べるが，例えばこれを他社製品の広告領域として提示し，ソーシャルグラフから導き出された商品の広告を提示することで，新たな応用可能性を考えることが可能となる．

以降には，ソーシャルグラフの機能を用いた応用の可能性について，特にレコメンデーションとソーシャルリサーチ，そして集合知に関して，いくつかの例を元に述べることにする．

1. 繋がりの解明

ソーシャルメディアやソーシャルグラフでは，その繋がりを辿って情報が伝わり，コミュニケーションが成立していると仮定されて議論されることが多い．しかし，ソーシャルグラフはそのまま情報の流れを意味するというわけではない．特にソーシャルメディアによって作られる繋がりは，そこに関係があるということを意味するというよりは，情報が伝わる経路があるということを示しているにしか過ぎないと言えるだろう．さらに，経路の存在＝情報の流れ，というわけではない．Twitterを例にすれば，片方向だが自由に繋がり関係を設定できるので，有名人，公人であれば相当数のフォロワーを持つ．例えば，Twitterを活用しているとして注目を浴びた経済評論家の勝間和代氏は，前述のようにフォロワーが約55万人であり，強い影響力を持っているように捉えられている．しかしその誰もがそこから流れる情報を受け取り，何らかの行動に出ると言うわけではない．それどころか，Twitterなどで不適切発言を切っ掛けとして炎上してしまう例は，有名人だけではなく，高々フォロワーが数十名の一般人などでも多く起こっているという事実もある．これは前述のように，人の繋がりが持つスモールワールド性に起因する．ネットワーク上に粗く存在するクラス

ターやコミュニティを繋ぐブリッジが，ショートカットとなって情報をネットワーク上に広く伝播させるという現象を引き起こしているためである．

ここでは，このようなネットワークの特徴を用いた，ソーシャルグラフの応用に関して述べる．存在するソーシャルグラフから，人間のネットワークが持つ特徴を抽出することで，ソーシャルメディア上での情報の流れや，その実態を明らかにできると言えるだろう．前述のように，社会ネットワークの分野では，緊密な繋がりを強い紐帯，比較的疎遠な関係を弱い紐帯と呼ぶが，ソーシャルグラフとしてそれらの実態を見ると，人々の属性による関係だと考えることができる．ここでは，ソーシャルグラフ上の強い紐帯を利用したものとして，ソーシャルリサーチと，弱い紐帯の利用としてインフルエンサーの抽出を取り上げる．

1.1. リスニング型ソーシャルリサーチの可能性

強い紐帯の元では，ネットワークを構成する人々に同質性や類似性が高く，その結果接触が頻繁ではあるが，逆にそこで交換される情報は相互に既知のものであることが多くなる．これを様々な調査に用いるのが，「ソーシャルリサーチ（Social Research）」と呼ばれている手法であり，アンケートなどによる社会調査とは区別するために，ソーシャルメディアリサーチと呼ぶこともある．主にマーケティングの領域で，ソーシャルメディアを調査対象者のデータ源として，それらに旧来行われていたリサーチ手法を適用する試みである．

様々な情報メディアが使われるようになってきた現在では，特にパーソナルなコミュニケーションである口コミなどを対象とした調査手法として，「リスニング・傾聴（Listening）」や，「CGM 分析」，「バズ分析」など，新しい手法が提起されている．ソーシャルリサーチは，その延長にあるものとして，ソーシャルメディアをベースとした，人々の行動の実態を明らかにしようとするものである．

例えば，米国のソーシャルメディア研究者であるフォレスター・リサー

チ社のシャーリーン・リー（Charlene Li）らによる『グランズウェル ― ソーシャルテクノロジーによる企業戦略』（伊東奈美子訳）では，ソーシャルメディアリサーチをすべき理由として，

1. ブランドが象徴しているものを知る
2. バズの変化を捉える
3. コストを抑えながら，リサーチの精度を高める
4. インフルエンサーを特定する
5. 広報上の危機に対応する
6. 新しい製品やマーケティングのアイデアを得る

の6つを挙げている．

これらは様々な側面の内容を含んでいるが，特に3に示すように，精度の高い調査が可能である理由には，ソーシャルグラフが重要な役割を果たしている．その効果として，1や2, 5などがあると言えよう．なお，4と6に関しては，ソーシャルグラフの利用として，独立した章で後述することにする．

ソーシャルメディアリサーチでは，ソーシャルグラフの持つ特性をどう利用するかが，その重要なポイントとなるが，前述のように，スモールワールド性には，次数の合計とクラスター係数，そして平均頂点間距離の3つの量に特徴があった．最初の2つは，ネット上での緊密な繋がりであるクラスターが点在し，粗いネットワークであることを意味する．クラスターは，数学的に厳密に定義されているが，社会ネットワーク分析では，より緩い繋がりであるコミュニティとほぼ同義のものとして用いられることが多い．人間の繋がりには，このネットワーク上の纏まりと，それらを繋ぐショートカットに特徴がある．

クラスターの抽出は，グラフ理論に基づき，数学的な処理を行うことで可能である．また，コミュニティのような緩い繋がりは，人々の属性を示すデモグラフィック変数やサイコグラフィック変数に基づき明らかにすることができる．特にサイコグラフィック変数に基づく繋がりは，インタレストグラフとも捉えることができる．そのため，それらの繋がりに基づい

て，ある一定の層のコミュニケーションを推し量ることができる．これが，リサーチの精度を高めるということに繋がるのである．

　特にマーケティングの分野では，消費者を均一のものとして捉えるのではなく，消費者の特性に基づいて市場を細分化するアプローチがとられている．マスコミが視聴者を切り分けるために用いる指標である，世代や性別に基づいた層別は広く知られているが，これはデモグラフィック変数のうちのひとつである注）．またサイコグラフィック変数で示される人々の内面的，心理的な要素に関しても，人々の消費行動を規定する要素のうちのひとつとして，アメリカの経営学者フィリップ・コトラー（Philip Kotler）らによって，その役割や重要性が指摘されてきた．ある製品のプロモーションに，サイコグラフィックを用いたセグメント分けを使うことによって，プロモーションの有効性をより高めることができるとされている．

　例えば，シャンプーのようなヘアケア市場は，製品の最初の購買動機や使用スタイル，さらにライフスタイルなどの要素で区別される層によって構成されており，それらに合わせて製品ラインナップが作られていると言われている．それらは，嗜好や信念，価値観などの心理的属性（サイコグラフィック）に基づいた市場の区分でもあり，製品だけではなく，パッケージや流通チャネル，CMや広告コピーなど，マーケティングの様々な局面に影響を及ぼしてもいる．

　マーケティングに限らず，社会調査では，アンケート調査がしばしば用いられる．そのためには，調査項目の選択肢を用意するなど，調査対象に関する仮説を立てて行うが，実際の問題点がその選択肢には存在していない可能性もある．つまり，アンケート調査は前もって立てた仮説の検証には有効であるが，仮説を超えた情報を獲得することは難しいと言われている．マーケティングの領域では，こうした方法を，項目を定めて尋ねるという意味で，アスキング型リサーチと呼んでいる．

　こうした問題点に対して，人々がソーシャルメディア上でいわば自然発生的に生み出している情報を分析することで，より適切に実態を明らかに

注：C　4〜12歳，T　13〜19歳，F1　女性20〜34歳，F2　女性35〜49歳，F3　女性50歳以上，M　男性（年齢区分は女性と同じ）

できる可能性がある．これは既に情報が存在しているという意味で，アスキング型に対してリスニング型とも言うべき方法である．

筆者らの調査での例であるが，特定の銘柄の食品（スープ）の消費実態を，Twitter から明らかにする試みを行った．当該商品名が直接使われている投稿を検索し，さらにそこからそのスープの消費者と思われるユーザを 100 アカウント抽出した．これは，スープのインタレストグラフを抽出することである．その上で，それらのユーザの過去の投稿から，スープの消費状況や嗜好等のうち，特徴的なものを抽出して分析した．その結果，以下のような消費者の姿が見えてきた．

消費状況
- 「論文・課題・試験」などを控えた状況（32/100 ユーザ）
- 「PSP・DS」や「モンハン・ポケモン」などの「ゲーム」をする行為（20/100 ユーザ）
- 「アルバイト」をしている立場（16/100 ユーザ）

嗜好
- 「カップ麺」の消費（16/100 ユーザ）
- 「カフェに行く」「コーヒーを飲む」ことを好む傾向（17/100 ユーザ）
- 「マクドナルド」に興味（14/100 ユーザ）

この例では，データの母数はそれほど多くはないし，また集計や分析も粗いが，特に顕著だったのは，大学生，学生が勉強やゲームなどのインドア行為を行っているときにおけるスープの消費行動である．実は，当該商品の販売側は，主に朝食での摂食を想定しているようであったが，それとはまた別な消費者の姿がここから見えてくる可能性がある．後述するように，もしこのスープの消費者に他の商品をレコメンド広告するとするならば，大学生向け商品や，ゲーム関連，カップ麺やファストフードなども関連商品となり得るだろう．ソーシャルリサーチ分野に関しては，まだ手法的に確立したとは言い難いが，既存のリサーチに対して，リスニング型のソーシャルメディア分析で明らかになることも多く，両者の最適な組み合わせによるリサーチの必要性が提起されている．

1.2. インフルエンサーは誰か

ネットワーク上の情報の伝播を考えるにおいて，近年しばしば使われる概念に，「インフルエンサー」がある．ソーシャルリサーチでも，このインフルエンサーの抽出は，大きなテーマとなっており，前述の「グランズウェル」でも，ソーシャルメディアを用いたリサーチの効果として，インフルエンサーの特定が挙げられていた．

インフルエンサーとは，簡単に言ってしまえば，「周りの人々へ情報を渡すネットワーク内の影響力のある代弁者」を意味する『インフルエンサーマーケティング』（本田哲也）．つまり，インフルエンサーは「口コミ」現象を引き起こす存在であり，マーケットメーカー，あるいはトレンドセッター，チェンジエージェント等と呼ばれることもある．また社会学の領域では，オピニオンリーダと呼ばれている存在がそれに該当する．

口コミは，元々特定のコミュニティやグループなど，現実的に人々が集まる場で自然発生的に生まれていたものである．心理学者のアーネスト・ディヒター（Ernest Dichter）が，1960 年代にアメリカで行った調査では，商品の購買動機に対する影響者として，商品の権威者，利害関係なき友人・知人，消費者意識での共通の結びつきを持っている人・団体を挙げている．さらにそれを詳細化したものとして，『「くちコミニスト」を活用せよ！―― お客さまがお客さまにススめるマーケティング』（中島正之他）では，商品の購入に影響のある口コミの情報源として，昔からの友人・知人，家族・親戚，その商品・サービスを使ったことのある人，趣味・サークル等の仲間・知り合い，同じ居住エリアに住む友人・知人，職場の同僚（上司・部下を含む），さらにその分野の専門家の 7 種類を挙げて，それぞれの割合を調査している．

これらの人々が，インフルエンサーとして人々に影響を与える役割を果たすと言われている．しかし口コミのプラットホームが，ソーシャルメディアの場にも移った現在では，口コミの伝播構造そのものも変化してきている．ソーシャルメディアでの情報の伝播に関しては，特徴的な点がいく

つかある．前述のように，人間の繋がりは，クラスターやコミュニティなどの纏まりが集まった構造となっているが，ソーシャルメディア上での情報の伝播は，そのコミュニティ内でのやり取りと，コミュニティを超えた，コミュニティ間を結ぶようなものと2種類が考えられる．

　ソーシャルメディア上での口コミは，そのクラスターやコミュニティ内だけでやり取りがなされたとしても，大きな効果を生むわけではない．つまり，ソーシャルメディア上のインフルエンサーには，クラスターやコミュニティ内で役割を果たすものと，コミュニティ間を繋ぐものの2種類に区別される．特に後者は，コミュニティを超えた情報の伝播を行うため，スモールワールド性を実現する重要なキーとなっている．

　コミュニティ内での繋がりは，前述のようにデモグラフィック変数やサイコグラフィック変数で示される属性が共通していることが多い．人々の関心や興味，知識などが共通し，比較的情報は伝わりやすいと言えるだろう．そのため，インフルエンサーは，できる限り多くの人々に情報の伝達経路を持っていることが必要である．そのコミュニティの中で高い次数を持ったハブが，その機能を果たす可能性を持っていると言ってよいだろう．例えて言えば，仲間内の人気者のような存在であり，これをハブインフルエンサーと呼ぶ．

　後者は，コミュニティを繋ぐという側面から，ネットワーク上のブリッジが該当する．特にそのブリッジが，特定のコミュニティを構成する人々にとってグラノヴェッターの指摘する弱い紐帯でもある場合，ブリッジインフルエンサーとなる可能性がある．弱い紐帯の元では人々の関係性が弱く，そのため未知の情報を持っている可能性が高く，それらは受け手にとって価値が高いことが多くある．また弱い関係にあるにもかかわらず，コミュニケーションを図るほど重要な情報がある，とも言えるだろう．弱い紐帯は強い紐帯のクラスター相互を繋げる機能を持ち，情報が広く伝播する上で非常に重要な役割を果たしている．つまり弱い紐帯には，媒介中心性を持ってクラスター同士を繋げる役割がある．

　しかしそこでの情報のやり取りは，異なった属性を持った，いわば異文化の間でのコミュニケーションであり，情報の伝播はそれほど容易なもの

4章　ソーシャルグラフはどう使われるのか

ではない．そうした点が，逆に新たなイノベーションに繋げる役割を果たす側面もあるが，コミュニティ内の情報の伝播とは異なり，コミュニティを繋ぐブリッジが，そのままインフルエンサーとなるとは若干思い難い．

筆者らの調査では，コミュニティ間を繋ぐブリッジのうち，特に2つの特性によって口コミの伝播特性に違いがあるということが明らかになってきている．それは，その人間の「情報に対する感度」と「他者からの信頼度」である．この性質は，実世界におけるインフルエンサーとしても重要なポイントではあるが，特にソーシャルグラフを用いることで，これらを明らかにすることが可能である．

```
① ハブインフルエンサー
②ブリッジインフルエンサー
　・情報感度
　・他者からの信頼度
```

革新的採用者
初期少数採用者 2.5%
初期少数採用者 13.5%
前期多数採用者 34%
後期多数採用者 34%
採用遅滞者 16%

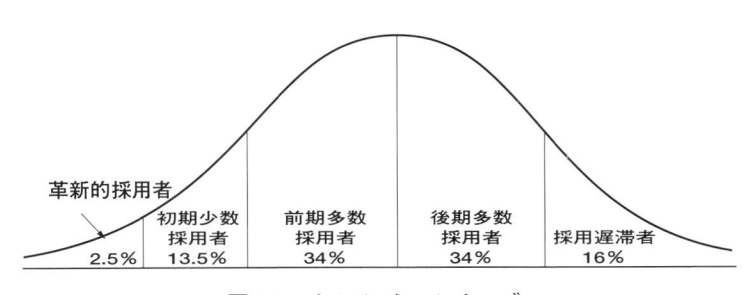

図4-4　イノベーションカーブ

アメリカの社会学者 E. M. ロジャーズは，特に「新しい」と知覚された「対象物」，「行動形式」，「アイデア」など，革新的な内容を持つ知識情報を「イノベーション（Innovation）」と呼び，それによる人々の「情報行動」中での伝播と意思決定の過程を考察した．ロジャーズは，その「イノベーション」の採用単位に基づき，「個人の普及過程のモデル」（個人によるイノベーション採用決定過程のモデル）と，「普及の集団過程のモデル」（普及

99

曲線と採用者カテゴリーのモデル）を明らかにしている．そこでは，イノベーションの採用（注：その情報により意思決定し行動をすること）が，人から人へと広がっていくマクロ過程が「普及の集団過程」であり，それらは個々人へのミクロな普及の連鎖であると考える．

　集団過程で，あるイノベーションの採用の時期を，同じ社会の他の人々と比べた度合いを，その人の革新性と呼ぶ．E. M. ロジャーズは，経過時間を元にイノベーションの採用者数の変化を追うことで，革新性を基準にした採用者の理念的な分類と，その集団における割合を得ている．そこでは，革新性に基づいた分類として，先駆的（革新的）採用者，初期少数採用者，前期多数採用者，後期多数採用者，採用遅滞者の5カテゴリーが提起されている．これは端的に言えば，様々な出来事や物事，情報に対する，人間の反応を示している．

　縦軸にイノベーションの採用者数をとり，横軸に経過時間をとってグラフを描いた場合，図4-4に示したような正規分布となる．これを普及曲線，あるいはイノベーションカーブと呼び，そのわかりやすさからも広く知られている．情報行動の考察においては，この一連のイノベーションに従った普及過程が，基礎的な思考モデルとして使われている．例えば，マーケティングなどの領域では，新製品などに関する情報の伝播を採用者カテゴリーごとに実施しながら評価・考察していく「ファネル」手法などが提起されている．情報が集団に伝播する過程では，こうした人々の属性によって分類された複数のカテゴリーに従うということが，ロジャーズによる一連の研究で明らかにされている．

　ロジャーズの普及理論では，先駆的（革新的）採用者と初期少数採用者との層に普及した段階，すなわち普及率が16%を超えた段階で，イノベーションは急激に拡大するとされている．そのためこの層は，マーケティングやコミュニケーション研究において，重視されてきた．端的に言えば，ブリッジとして機能するインフルエンサーは，情報感度が高く，こうした層に属する場合が多い．しかしこれは，いわば人間の行動や思考の傾向であって，それを外部から判断することは難しい．

　ソーシャルグラフ上では，大きく2つの観点から，このブリッジインフ

ルエンサーを明らかにすることができる．ネットワークの構造に基づく「優先的選択」と，ネットワーク内への参加行動に基づいた「ソーシャル・テクノグラフ」である．

> ① 優先的選択
> ② ソーシャル・テクノグラフ

　前述のように，「スケールフリーネットワーク」のモデルとして「バラバシ＝アルバートモデル」が提起されているが，そこでは，リンクの多いノードほど多くのリンクを集めるという，優先的選択という原理が明らかにされていた．ソーシャルグラフを時間の経過で見た場合に，特にあるノードのクラスター外へのリンクが増えていく場合，そこには優先的選択が働いていると考えられる．これは，クラスターやコミュニティ外にある情報を取り込むことに繋がるため，そういった特性を持つノードは，革新性が高いものと推定することができる．

　ソーシャル・テクノグラフとは，人々のソーシャルメディア上の行動を分類していくつかの参加レベルに分け，集団を分析する試みのことである．2007 年に前述のシャーリーン・リーらによる技術レポート「Social Technographics: Mapping Participation In Activities Forms The Foundation Of A Social Strategy」で提起され，知られるようになってきた．分類の根拠や詳細なデータが若干わかり難く，さらに以降もアップデートがなされているが，最初の版では，階層は以下のような区分で示されていた．

- クリエイター（制作者）
- クリティックス（批評家）
- コレクター（収集家）
- ジョイナー（参加者）
- スペクテイター（閲覧者）
- イナクティブ（不参加）

コンテンツを投稿する行動から，それに対するコメントをする，Webを利用するといった，一連のユーザの行動に基づいたソーシャルメディアへの参加パターンに従って，その割合を求めたもので，その後，ソーシャルメディアの一般化や技術の進歩などに従って，これらが変化をしていくものとされている．こうしたユーザの参加レベルの詳細な割合は明らかにはされていないが，明らかにロジャーズによるイノベーションカーブとの関連性が見られる．例えばTwitterでは，先駆的採用者でクリエイター的な関与を行っている層が，多くのフォロワーを集め，Twitterでのオピニオンリーダ的なポジションにいる傾向がある．またクリエイターやコレクターの間で作られたブリッジは，コミュニティに大きなイノベーションをもたらす可能性もある．このように，ソーシャルメディア上での行動分析に基づいて，その人間の情報に対する感度を推定し，ブリッジインフルエンサーを明らかにすることができる．

　しかし情報感度が高く多くの繋がりを持つユーザであっても，ソーシャルメディア上では，情報伝達の経路があるに過ぎず，必ずしも他者に対して影響力を持つわけではない．そのため，インフルエンサーとなるもうひとつの要素として，他者からの信頼度を考慮する必要がある．

　これは特定のノードに対する他者からの評価であるため，ネットワーク上でこれを判断するためには，例えばGoogleによって検索エンジンのために明らかにされた「ページランク（PageRank）」アルゴリズムを適用することができる．1999年9月にサービスを開始したGoogleは，それまでのサーチエンジンとは技術的にも大きな違いを持っており，何よりも検索結果の的確さが格段に優れていた．それを実現したのが，Google固有のページ重要度の自動判定技術であるページランクである．

　ページランクを簡単に言えば，Webのリンク構造をグラフで捉え，数値解析を用いて検索結果を引き出す手法である．Webが，ハイパーテキスト構造というリンクによって繋がっているという特性に着目したページの評価技術であり，検索のための技術ではない．Googleによれば，ページランクは，「多くの良質なページからリンクされているページはやはり良質なページである」という人間の感覚を，数値モデルとして明確化した

ものである.この「多くのページからリンクされているページ」という関係が再帰構造をとっていることに着目し,そのリンク構造を数値化したものである(図4-5).

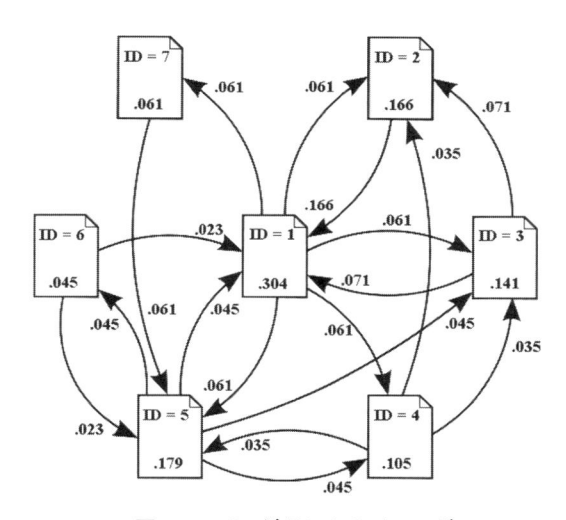

図 4-5　ページランクのイメージ

　この発想は,学術論文の評価に似ていると言われている.学術論文の重要性を測る指標としては,被引用数がよく使われる.一般に重要な論文はたくさんの人によって引用されるので,被引用数が多くなる.さらに,被引用数の多い論文(つまり優れた論文)から引用されている論文は,さらに重要度が高いとも考えてよいだろう.

　Webも論文と同じように何らかの意図を持って書かれた文書であり,やはり価値のあるWebページは,多くのWebページからリンクが張られているはずであるし,さらに,ウェブページの場合も同様に,重要なページからのリンクは価値が高いと考えられる.こうした考え方を数学的に厳密に定義し,ウェブページのリンク関係にも適用したのがページランクである.あるページのページランクをそのページから張られているリンクの数で割った数が,それぞれリンク先のページランクに加算されるという関係になっている(図4-5).これは,例えば限られたページ相互でのリンク

しか持たないページの重要度が上がりにくくなり，さらにリンク集のように多くのリンクを張っているだけのサイトからのリンクの重要性を相対的に減らすことにもなる．

このようにページランク自体は，ユーザによる検索のキーとは全く無関係に，純粋に繋がりの構造のみによって決定される評価値である．それは各ウェブページそのものの特性値であるため，検索側が与える検索キーとは無関係に導き出すことができる．そのため Google では，検索語句との関連性を与えるため，テキストマッチング技術などを使い，検索結果の抽出を行っている．つまり Google は，本来検索サービスというよりは，特定のキーに対する Web のランキングサービスなのである．

前述のように，グラフモデルでは全てのノードを均等なものとしてモデル化するが，このページランクの考え方によって，その構造の側面からノードの価値を評価することが可能となる．多くのリンクに基づいてその評価が決定されるという基本的な考え方は，観点を変えてみれば，多くの人々の知的行動の集約であり，後述するように集合知として捉えることも可能である．ソーシャルグラフの応用として，特にその構造そのものから何かを生み出すものは，このページランクの考え方との親和性が高い．

その意味では，このページランク技術は，Web のみならず，ソーシャルグラフ上のノードの評価に応用できる可能性を持っている．人間の繋がりにおいては，ページランクが高いということは，多くの人に評価されている，あるいは支持されていると考えることもできるだろう．こうした高い評価値を持ったノードは，異なった属性を持つコミュニティに対して新たな情報をもたらす可能性を持つと言える．ただしこうして評価を行ったデータは，Web データと同じように，高い評価値を持つものほど数が少なくなるはずであり，べき分布をとる．

以上述べたように，ブリッジインフルエンサーとしての条件である，その人間の情報に対する感度と，他者からの信頼度の2つの評価軸を，ソーシャルグラフに基づいたイノベーションとページランクで分析すると，図4-6に示すように2つの軸によって作られるポートフォリオ図で示すことができる．

4章 ソーシャルグラフはどう使われるのか

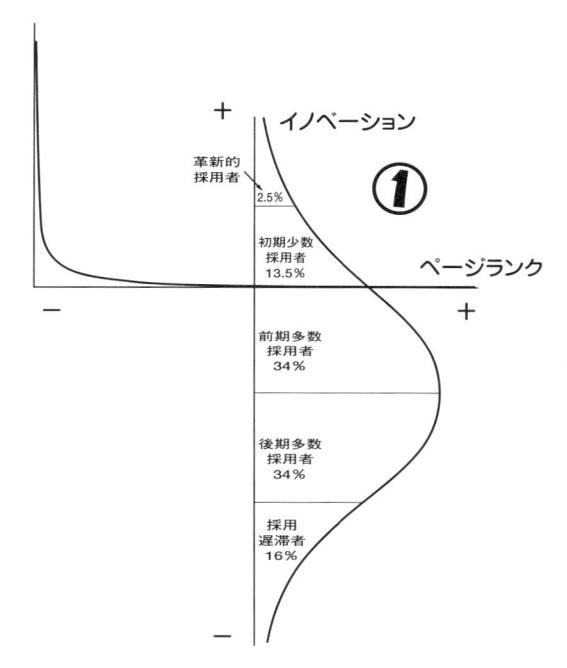

図4-6 イノベーションとページランクに基づくユーザの分類

　このうち，①の領域は，イノベーションの採用が早く，また高いページランクを持つユーザを示すが，ここに位置するのが，ブリッジインフルエンサーとしてのポテンシャルが高いノードということになる．このように，ソーシャルグラフを用いて，明らかにし難い人間の属性を明らかにすることが可能である．しかし，まだ実証データが少なく，今後の研究が待たれている．またソーシャルメディアで，特にこのインフルエンサーらによって引き起こされる口コミを用いた広告や集客のための手法を，「SMO (Social Media Opitimization)」と呼んでおり，後述の SEO や LPO などに次ぐ重要な技術として注目されている．

2. 繋がりが生み出す新たな価値

2.1. 検索システムとしてのレコメンダシステム

　ソーシャルグラフの繋がりそのものから新たな価値を生み出す応用の例として，ここでは「レコメンダシステム（Recommender System）」を取り上げる．これは，特定ユーザが興味を持つと思われる商品や情報などを，「おすすめ」として提示するものである．多くの候補から抽出するという処理であり，本質的には検索処理の範疇に含まれる．レコメンダシステムは，主に Amazon 等の E コマースサイトで映画，音楽ソフト，書籍，ニュースなどを対象としたものとして進歩してきた．E コマースサイトでは，人々の購買の履歴が蓄積しており，売れ行きの順位や過去の購入履歴などを，個々のユーザに提示することは可能である．

　しかしそれ以外にも，新たにユーザに対して様々な商品を提示する機能が必要とされている．これは，Google など検索エンジンを経由して，特定のページだけを閲覧するユーザが増えてきたという事情が背景にある．現在では検索エンジンが Web を利用する際における重要なツールとなってきているため，検索エンジンを想定した Web ページの最適化技術として，検索結果の順位を上げるなどの，「サーチエンジン最適化・SEO（Search Engine Optimization）技術」が様々に試みられてきていた．しかし検索エンジン自体が機能を上げてきたため，検索結果として Web サイト中の特定のページのみが提示されることが多くなり，サイト単位ではなく，ページ単位で Web が閲覧されるということが当たり前になってきている．そのため，2005 年頃から，「ランディングページ最適化・LPO（Landing Page Optimization）」と呼ばれる技術が注目されるようになってきた．

　ランディングページとは，Web サイトのトップページやインデックスページではなく，検索エンジンなど外部のリンクから直接アクセスされて最初に表示される Web ページのことである．例えば E コマースサイトの

場合，検索エンジンで，特定の商品の詳細ページにたどり着いたランディングユーザは，そのまま購入するか，そのサイトのカテゴリーページへ戻って他の商品を探すかが期待されるが，多くのユーザは再び検索エンジンに戻ってしまう．つまりランディングページは，ユーザがWebサイトに滞在するか否かを左右する重要なWebページであり，現在はこうしたページを最適化するLPO技術が注目されている．Eコマースサイトを前提としたLPO手法のひとつとして，ユーザの希望に応えて，多くの商品を自動的に表示するレコメンド技術が使われている．

さらにレコメンド技術を用いることで，ユーザに対して新たな気付きを与え，その潜在的ニーズを引き出すといった，新たな効果も期待されている．こうした偶然から価値あるものを発見する人々の知的な能力を，「セレンディピティ（Serendipity）」と呼んでいる．ネットサーフや検索エンジンから，予期していなかったコンテンツや情報を手に入れるということはしばしば経験するが，これはまさにWebが人々のセレンディピティを高めている結果に外ならない．レコメンドは，これをより精度の高いものとするといった効果があると言えよう．

例えば「Google」や「Yahoo!」では，検索したキーワードに関連する語句を，新たな検索候補として表示する，通称「関連検索」と呼ばれる機能がある．これらの機能に関する公式の説明などによれば，Googleでは，Webページ上で検索キーワードと一緒によく出現する言葉を関連検索として表示しており，またYahoo!では，他のユーザが検索に利用したキーワードの中で，頻繁に用いられるものを候補として表示している．

これは一見すると，単なる語句と語句の関係に見える．しかしこれを人間の関係として見てみると，図4-8に示すように，検索する側の人間と，他の検索者やWebページの制作者との，コンテンツによる繋がりを示していることに外ならない．例えば，語句の「京都」を入力すると，「ホテル」の語が第一候補となっている．これは他のユーザが，過去に同時に検索したことがある語句から抽出されている．それはその検索者が，過去の別の検索者と同じような嗜好や目的などを持っていると仮定をしていることであり，そこには人間の関係が生まれてきている．

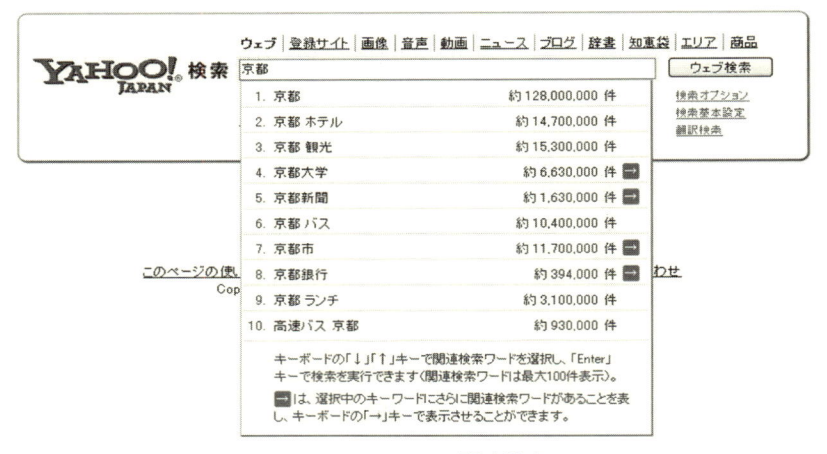

図 4-7　Yahoo!の関連検索

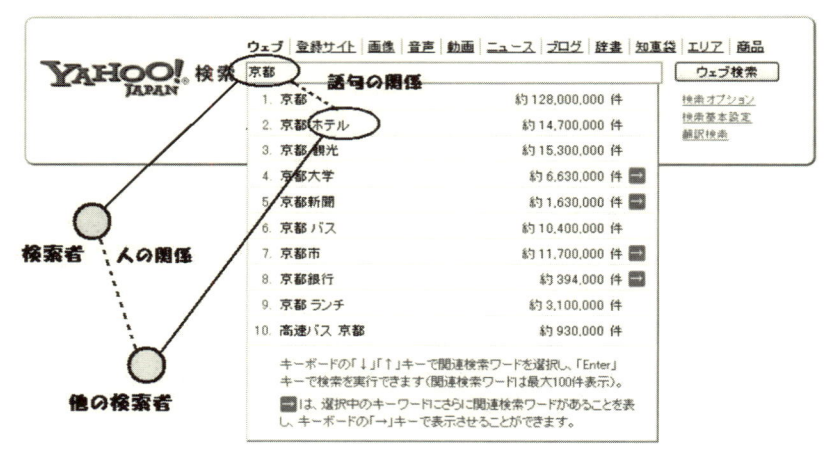

図 4-8　語句の関係と人々の関係

　本来サーチエンジンでは，Web の提供側によるリンクに着目し，検索する側については基本的に全く考慮がなされていない．そのため，無目的にネットサーフするようなユーザも，研究論文を書こうとしているユーザも，就職活動で情報を探しているユーザも，ネット通販を利用しようとしているユーザも，全て等しく扱われてしまう．サーチエンジンを使う目的

性に関しては全く考慮されていなかった．しかし，検索要求にもユーザの個別性があり，そこにソーシャルグラフを用いることで，検索者の個別性を反映したより精度の高い処理を行う可能性があり，今後の応用が期待されている．

　技術的に見れば，レコメンダシステムは，特定の商品など，トリガーとなるキーに対して，ユーザによる評価を予測して，多くの候補の中から抽出する処理である．検索技術は，近年ではWebページを対象としたものとして発達してきた．ただし，Webデータを探すだけではなく，Webデータの収集と，Webページの評価技術を含んでいる．特に多くのWebが存在している現在では，キーワードから探し出した結果ですら膨大なものとなるため，この評価技術が最も重要なものとされる．

　Googleは前述のページランクアルゴリズムを用いて，検索サービスではトップ企業に躍り出たが，Googleは，Webページを探し出すのではなく，Webページを評価し適切なWebページを抽出するという点に，その最大の特徴がある．ページに対する評価技術は，レコメンダシステムとの親和性が高い，というよりも得られた多くの候補ページを評価しランクづけをするという処理は，まさにレコメンダシステムの行うことである．

　特定のキーに対するレコメンド結果を導き出すために最も単純なものとして，キーと出力を特定のルールによって結びつける手法が考えられる．例えば，特定の商品に対する関連商品を導き出すようなもので，「デジタルカメラの購入者にSDカードを勧める」，「スーツの購入者にネクタイを勧める」など，販売員が日常的に行っているようなものがそれに該当する．これは，特定の推薦商品を設定することが可能である．マーケティングの世界では，「バスケット分析（Marketing Basket Analysis）」という，商品購入の相関が研究されており，「オムツを買った人はビールを買う傾向がある」といった半ば伝説化した事例などは広く知られている．そこから，例えばオムツの購入者にビールを勧めるといったような，マーケティングデータの分析によって導き出されたルールを用いるなど，レコメンドする側が任意に設定することが可能となる．しかしこれは自動化がしにくいため，商品数の増大に対する対応が困難となる．またあくまでも提供する側の意

図のみによってルール化されるため,例えば大手ファストフードチェーン店が,ハンバーガーの購入者に必ずポテトを勧めるように,レコメンデーション効果が必ずしも期待できないという点も指摘できるだろう.

こうした点を補うために,単純なルールだけではなく,①レコメンドされる対象の属性に着目する手法と,②レコメンドされる側のユーザに着目する手法の2つが提起されている.どちらも,既存の情報を用いてレコメンドされる情報の精度を上げていく考え方であり,情報フィルタリング技術のひとつの応用でもある.

> ① レコメンドされる対象の属性に着目する手法
>   コンテンツフィルタリング
> ② レコメンドされる側のユーザに着目する手法
>   協調フィルタリング

前者では,特定の商品について,その価格や機能など属性を元に,他の商品との類似度を計算し,ユーザの閲覧履歴等に合わせて提示する「コンテンツフィルタリング(Contents Filtering)」という手法がある.言葉の意味や様々なデータなどの類似度を求める手法は広く研究されており,例えば2つの集合の要素がどれだけ似ているか等を数量化し,統計処理などの分析を行うことは十分可能である.これを用いれば,比較的精度の高いレコメンデーションを導き出すことは可能である.しかし計算処理によって求めることで,類似度が固定してしまい,常に同じ結果がレコメンドされてしまうということにもなりがちである.そのため,ユーザの関心を呼ぶような新たな気付きは生まれ難いといった結果にもなりがちである.

後者は,ユーザそのものに着目するものであり,特に「協調フィルタリング(Collaborative Filtering)」という手法として知られている.これは,システム内に蓄積した他のユーザの嗜好情報に基づいて,ユーザ相互の嗜好の類似値を計算し,レコメンドする手法である.同じアイテムにつけた評価などを用いたり,あるいはブラウザの履歴やサイト内での閲覧など,ユーザの暗黙的な履歴を利用するなどして,ユーザ情報を蓄積する.それを用いて,ユーザ相互の相関分析を行い,高い相関が認められるユーザ同

士は嗜好が近いと考え，既存のユーザにはあるが新規ユーザにはない情報や行動，商品などをレコメンデーションとして提示するものである．他の人々の意見を元に情報の精度を上げていく考え方であり，趣味の似た人からの意見を参考にするという側面から，現実社会における口コミと同じようなメカニズムが働いているとも言える．この協調フィルタリング技術は，実際にAmazonの「おすすめの商品」や，はてなアンテナの「おとなりアンテナ」などに使われているとされており，Eコマースサイトでは重要な技術となっている．

　協調フィルタリング技術では，ユーザの嗜好情報や行動履歴などが用いられ，扱われる情報のコンテンツそのものには一切関知しない．そのため，大規模サイトなどのように大量なデータが扱われる場合でも十分対応できる技術ではあるが，逆にある一定数のユーザデータがなければ，十分な処理が行えない．つまり，前述のコールドスタート問題に直面することになる．また，コンテンツ情報を関知しないため，ユーザのセレンディピティをより極大化する可能性を持つ．しかししばしば指摘される例として，購入したものが本人の希望ではなかった場合や，数年に一度しか購入しないようなものだった場合など，必ずしもユーザの意に染まるようなレコメンドができない可能性も多々ある．それこそネット上に記録されない嗜好や行動などは，対応ができない．

　このように，現在使われているレコメンデーション技術では，ユーザそのもの，あるいは与えられたキー商品に着目するかのどちらの手法でも，既に得られている情報との類似性に基づいて，レコメンデーションを導き出している．そのため，それらの持つ属性をどう抽出するかが，大きな課題となっている．結論的に言えば，既存のレコメンデーション技術の持つこうした点を補完するものとして，ソーシャルグラフを用いることが期待されている．以降には，Eコマースサイトを例に，ソーシャルグラフの応用としてのレコメンデーションについて考察する．

2.2. E コマースでのソーシャルグラフ

ここでは E コマースサイトの代表である，Amazon や楽天で使われているレコメンデーションを例に，ソーシャルグラフの応用について考えてみる．どちらもネットによる商品の販売と決済を柱としたシステムで，本来ソーシャルメディアサイトではない．E コマースサイトの各ユーザは，購入と決済を行うため，個々のアカウントを持っているが，システム側には商品のチェックや購入に関する履歴情報を蓄積している．特定の商品を参照したり購入したりすると，図 4-9 に示すように関心を持ちそうな商品を提示し，さらなる購入を促すレコメンデーションの仕掛けがある．

図 4-9　E コマースサイトのオススメ

商品に着目したコンテンツフィルタリングを用いると，購入された商品の類似度や関連性に基づいて，他の商品のレコメンドを得られる．例えば図 4-10 に示す「あわせて買いたい」などは，それに該当すると言えるだろう．

またユーザに着目した協調フィルタリングによると，ある商品を購入した別の人の購買行動に基づいて，特定のユーザの嗜好を自動的に推論することができる．「この商品をチェックした人はこんな商品もチェックしています」「この商品を買った人はこんな商品も買っています」などは，それに該当する．図 4-11 ① に示したように，ユーザ A が特定の商品を購入したという記録を元に，同じ商品に関心を持った B と同じ嗜好を持って

4章 ソーシャルグラフはどう使われるのか

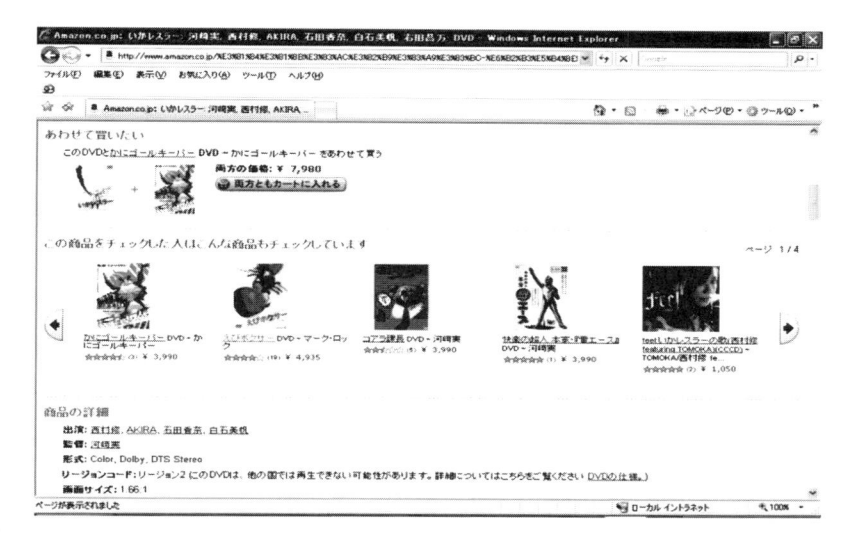

図 4-10 あわせて買いたい

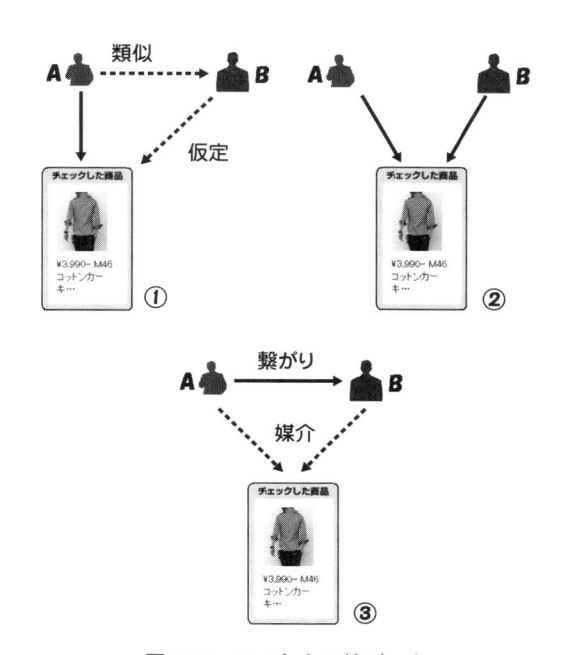

図4-11 モノと人の結びつき

いると仮定するという構造である．

　これらのレコメンデーションは，図 4-11 ② に示したように，モノと人の繋がりを作ることのように見える．実際にソーシャルグラフの中に，こうした人とモノの関係を含める考えもある．しかしこれを，ソーシャルグラフの観点から，人の関係として捉えると，図 4-11 ③ で示したように，モノが人を関係付ける媒体として，AとBを結びつけている．AとBには，直接の人間関係はないが，モノによって関係性が生まれてくる．例えば同じ商品を購入したとするならば，趣味や嗜好などのサイコグラフィック変数が共通すると仮定する．レコメンダシステムは，AとBを繋ぐモノを提示するシステムであるが，それはソーシャルグラフを生成していくことと等しいのである．

　あるユーザが特定の商品群に対して，閲覧する，あるいは購入するといった行動履歴を残した場合，同じ行動履歴をとる人間は無数に存在するだろう．しかしその場合，両者の属性に何らかの類似性があったとするならば，相互に繋がり関係を持つ可能性がある．つまり，人々の属性と何らかの行動履歴が蓄積されているシステムでは，ソーシャルグラフが生成されていると捉えることができる．Amazon や楽天などの E コマースサイトでも，提示された商品の背後に，ソーシャルグラフの存在を見ることができる．ただし，ユーザにとっては，自分と商品や商品相互の関係にしか見えない．E コマースサイトの特性から，ユーザ情報に関しては厳密なセキュリティが働いており，ユーザ自身がソーシャルグラフや人との繋がりを意識することはない．ソーシャルメディア中には，既にソーシャルグラフが存在しているため，それらを用いて，個人の属性や人間関係をベースにした，より精度の高いレコメンドを行うことが可能である．既にAとBを繋ぐソーシャルグラフがある場合，特にその関係の元となる属性が明確であったり，あるいはそれがインタレストグラフでもある場合，そこから逆にモノを提示することは容易であると言えよう．

　こうした様々な履歴データを活用して，特に個々の利用者に対して効果の高い広告を配信したり，サイト上で最適化したレコメンデーションなどの情報を提供する試みは，急速に広まってきている．ウェブの閲覧履歴や

検索キーワードなどに基づき，ユーザの趣味や趣向にマッチした広告を提示する手法を「行動ターゲティング広告（Behavioral Targeting AD）」と呼ぶ．また特に，この行動ターゲティング広告に反応したユーザに対して，再度，関連する広告を提示する手法を「リターゲティング広告（Retargeting AD）」と呼ぶ．これは，消費者側がその商品や企業に何らかの関心を持っている可能性が高いため，広告効果はより高いものとなる．このように，ユーザの様々なデータから，趣味や嗜好などを分析して属性を推定し，その属性に基づいて広告を配信する手法などが試みられている．そこに人々の繋がりであるソーシャルグラフが含まれた場合，より高い効果を得ることができることは言うまでもない．

　広告を例としてみても，ネットユーザの行動履歴とソーシャルグラフは，利用可能性が高く，多くのサイト運営者や広告事業者などは，それらのデータを収集し始めている．

　「5章　まとめ・個人情報とソーシャルメディア」でも述べるが，本来ソーシャルグラフや行動履歴は，氏名や住所，メールアドレスなど個人の識別情報とは別に記述されるものである．ソーシャルグラフは，個人を属性と他者との繋がり関係だけで抽象化したものであるし，ネット上での行動履歴は，クライアント側のWebブラウザ自体を1人のユーザとみなして蓄積される．しかし，このようにユーザのデータが抽出され蓄積されるということに対しては，特に個人情報やプライバシーなどの点で，あまり愉快には思わない人も多いはずである．

　米国の広告業界団体「ディジタル・アドバタイジング・アライアンス（DAA）」では，こうした問題意識から，「オンライン行動ターゲティング広告に関する自主的行動規範（Self-Regulatory Program for Online Behavioral Advertising）」という，ターゲティング広告に関する自主規制ルールを定めている．GoogleやYahoo!，YoutubeなどDAAに参加している企業による広告や，ユーザの行動履歴を収集するサイトには「AdChoices」という共通のマークが表示されている（図4-12）．

　これをクリックすると，ターゲティング広告を配信していることの説明ページへ誘導され，どのようにユーザの情報を収集しているか，またどう

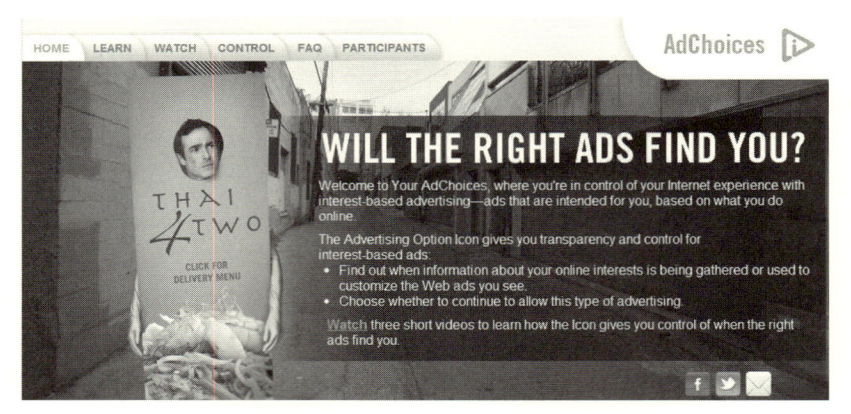

図 4-12　AdChoices マーク

いった根拠で判断されているかなどの詳細情報や，ターゲティングそのものを拒否する「オプトアウト（Opt-out）」機能などが提供される．

こうしたデータ収集とそれにまつわる責任などに関しては，まだまだ議論がなされており，日本でも統一的な対応はなされていない．言うまでもなくこうした問題は，ユーザの履歴だけではなく，ソーシャルグラフに関しても考察されるべき問題である．前述したように，グラフ API の技術的仕様に関する議論がなされているが，その収集や蓄積，責任などに関しても，AdChices のようなシステム化された統一基準が作られていくであろう．

3. ソーシャルグラフ上の集合知

ここでは，ソーシャルグラフの機能に着目する応用として，ソーシャルグラフを「情報処理システム」と捉えるものに関して述べる．この領域は，ソーシャルグラフの応用としてはおそらく最も多く試みられており，様々なシステムが開発されている．特に集合知と呼ばれている，複数の人間を前提とした知的現象は，最近の最もホットな研究テーマのうちのひとつでもある．

「集合知」とは，人間に限らず，動物やコンピュータなど，様々な集団

による様々な行動の過程で，その構成員の協調や競争の中から，その集団自体に知性が存在するかのように見える現象を指す．20世紀の初頭の，ウィリアム・ウィーラー（William Wheeler）というアメリカの昆虫学者の研究が，その嚆矢とされている．そこでは，蟻が相互に協力しあって全体としてひとつの生命体のように見える現象を，「超個体（Super Organism）」と呼んだ．その後，生物学や社会学，経営学などの領域で，細菌，動物，人間組織，コンピュータなど，何らかの集団を対象に考察されており，前述の社会ネットワークの研究とも重なる部分が多い．

ソーシャルメディアやWeb2.0と，この集合知の関わりは，しばしば指摘されてきた．特にここで注目したいのは，「みんなの意見は案外正しい」という言葉である．これは，アメリカのコラムニストであるジェームス・スロウィッキー（James Surowiecki）による著書（原題：「The Wisdom of Crowds」）のタイトルからとられたもので，Web2.0やソーシャルメディアの機能を端的に表すものとして，しばしば使われている．

そこでの指摘は，正しい状況下では集団は極めて優れた知力を発揮し，往々にして集団の中で一番優秀な個人の知力より優れていることがあるということである．集団の構成員が凡庸だったり，あるいは合理的ではなかったとしても，それが結集された場合，集団としては賢い判断が下せるといったものであった．そこでは，そうした集合知が生まれる集団の要件として，多様性，独立性，分散性，集約性が指摘されている．特にここで言う集約性とは，個々人の意見を集約して集団のひとつの判断にするメカニズムの存在を意味しているが，ソーシャルメディアがその支援を行う機能を持つとされている．多様性とは各人が独自の私的情報を多少なりとも持っていることを意味し，さらに独立性とは，他者の考えに左右されず，ある程度の自律的な意思決定が行われること，また分散性とは，それぞれが固有の情報に特化しそれを利用できるという，局所的な情報によるものであることを意味している．

前述のように，ソーシャルメディアは，現実の関係を超えて，ネット上での様々な関係を構築するため，特に人々の多様性は重要な要素である．複雑系の研究者として知られるミシガン大学のスコット・ペイジ（Scott

Page) による『「多様な意見」はなぜ正しいのか —— 衆愚が集合知に変わるとき』(水谷淳訳) で,集合知を生み出す機能の源泉 (ツール) として,多様な観点,多様な解釈,多様なヒューリスティック,多様な予測モデルの,4つの多様性を指摘している.これらの要素の内容が,集団の知能を生み出す源泉であると捉えるのである.例えば「ある問題を解くのがどれほど難しいかは,その問題を符号化するのに使う観点に左右される」という難しさの主観性法則というものが指摘されているが,実際に,複雑に考えすぎていた物事が,異なる観点から眺めると簡単な問題に見えるということはしばしばある.専門家集団は,同じ価値観や観点しか持たないため,画一的なツールしか持たないという説明がなされている.

ただしこの指摘は,決して突飛なものではなく,状況や問題を表現する,観点を分類・分割する,問題に対する解を生み出す,原因と結果を推測するといった,個人が問題解決を行う場合の知的作用の主体を,多様な人々に適用したものである.

そもそも,何らかの集団には,構成員が量的に多数かあるいは質的に多様かといった特性があるが,そのどちらに着目するかに基づいて,大きく2つのモデルが明らかにされている.構成員の質的な多様性に着目し,相互に情報を交換しながら知識を相互に評価,修正しあうことで知性が生まれるとされる,「集団的知性 (Collective Intelligence)」と呼ばれるものと,数的に多数の人々が独立して生み出した知識が集計,集約されることで集団に知性が生まれるとされる「群衆の知恵 (Wisdom of Crowds)」と呼ばれるモデルである.

前者の集団的知性モデルでは,協調や人々のコミュニケーションなど,知識が成立するプロセスにフォーカスが当てられており,後者の群衆の知恵モデルでは,その逆に参加者が自律的に行動や意思決定を行うことが重視されている (図 4-13).

多様性を持った集団が,コミュニケーション機能を失った場合,「烏合の衆」のように規律や統一性を持たずに寄り集まった集団となり,逆に多様性を失った集団が協調していくと,いわゆる「衆愚」と呼ばれる現象が起こる.これらは,集合知とは言い難い集団である.あまり厳密なもので

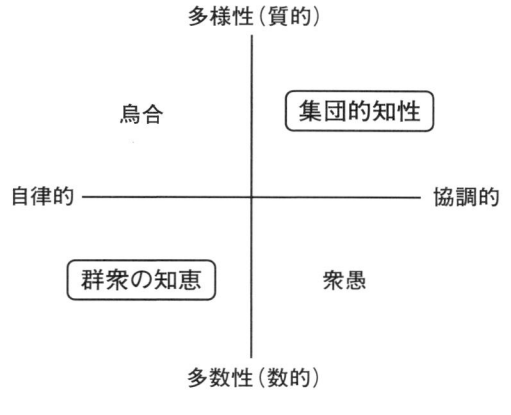

図4-13　集合知の2つのモデル

はないが，図4-13に示したように，集団の特性と構成員の挙動の2つの軸によって，集合知に関する枠組みをある程度明らかにすることができる．

　人間が知性に基づいて行う行動は，主に人工知能研究や知識工学の領域などで研究されてきた．そこで必要とされる情報や意思決定のメカニズムなどに基づいて，大きく，選択型，評価・診断型，設計型の3つの問題解決パターンに分類することができる．選択型問題とは，例えば，選挙や商品の購買行動など，与えられた選択肢からいずれかを選び出すようなタイプの問題である．また，評価・診断型問題とは，特定のイベントやモノなどの対象に対する評価，診断を行うようなものである．例えば，医療診断や機械の故障診断，さらに裁判における判決など，何らかの基準に基づいて行われる．選択型の問題は，基準が与えられずに，選択肢との比較として行われるという点が，診断型とは異なっている．

　また，設計型問題とは，ある条件を満たすような最適な解を生成するタイプの問題である．設計や計画の立案，制御など，何らかの創造的作業によってアプローチがなされる．そこでは，仮説の最適性や性能評価が必要であるため，問題の中に診断型の問題解決を含んでいる．

　参加者が自律的に関与する群衆の知恵モデルでは，主に個々の意見や情報を数値化して集計するなどの処理によってアプローチができるような選

択型や診断型の問題に親和性がある．また設計型の問題では，試行錯誤によって最適な解を見つけ出すことが行われるため，コミュニケーションの結果として何かを創造していくような，集団的知性モデルが有効である．

ここでは，集合知の応用として，① 情報のフィルタリング，② 集団的問題解決，③ 多数決原理の，3つの例に関して，特にソーシャルグラフとの関わりの観点から述べる．これらは明確に区別されるものではないが，最初の2つは，集団的知性の応用であり，3つ目の多数決原理は，群衆の知恵として位置づけられるものである．また，情報のフィルタリングは，そこで流れる情報そのものに対する作用であり，集団的問題解決は，情報を用いた作用として位置づけられる．一連の集合知研究では，大前提として，独立した個人が集まったものとして集団を捉えている．ここではさらに，個人は何らかの形で繋がっているという，ソーシャルグラフの観点を加味して，コミュニティを前提とした集合知について考察する．

3.1. Wikipedia に見る情報のフィルタリング

「情報フィルタリング」とは，技術，学術用語として確定したものではないが，特定の情報が伝達のプロセスで，様々な処理がなされ，選別，洗練されることによって，情報の信頼性を上げる効果が生まれる現象を指す．特にソーシャルグラフ上で結びついた人々の間では，多くの人々が主体的に情報の発信に関与し，さらにそこに存在する繋がり関係に基づいて伝達がなされるため，こうした効果が増幅される．これを「ソーシャルフィルタリング（Social Filtering）」と呼び，集合知が具体化されたもののひとつと言える．

ソーシャルフィルタリングが機能している例として，ここでは，ネットワーク上の百科事典として広く認知され，ソーシャルメディアの例としてもしばしば取り上げられる，ネットワーク上のオンライン百科事典プロジェクト，Wikipedia について考えてみる．Wikipedia は，2001年にラリー・サンガー（Larry Sanger）とジミー・ウェールズ（Jimmy Wales）というアメリカの研究者たちによって，開発プロジェクトが開始された．「Wiki」

というWebサイトの共同執筆・編集システムを利用して開発されており，誰でもが新規記事の執筆や既存の記事の編集を行えるようになっている．2011年3月現在で，50万人以上が執筆，編集をしていると言われており，利用者，閲覧者を含めれば，Facebook以上に多くのユーザを持つネットメディアと言えるだろう．

　フリーの辞書という側面にフォーカスが当たることが多いが，ユーザが固有のアカウントを持ち，さらにプロフィール等を登録することが可能である．記事の作成や編集において，人々の繋がりを利用する仕組みを利用しているため，ソーシャルグラフの応用システムとして捉えることも可能である．

　学術用語などを中心に検索すると，Wikipediaの記事は，ほぼ最初の方に候補として挙がってくるし，ちょっとした調べものには大変有効である．しかし，情報の信頼性や公正さが保証されていないという点が，しばしば指摘される．実際に内容の保障は，Wikipediaの免責事項にもなっている．また，悪意を持った利用者や基本方針に沿わない編集などの存在も，課題とされている．しかし，扱われている記事のジャンルが幅広い，一般の百科事典にはないようなトレンディな項目が多いといった点や，中立的かつ客観的な情報が多いなど，こうした欠点を補って余りある点が多々あり，ニュースなどでも引用されることがある．

　これは主に，参加者による自由な協同作業によって，記事が日々追加，更新されるといった，集合知に基づく利点であると言えよう．Wikipediaでは，個々人の断片的な知識に基づいて提供された情報に対して，他の参加者が自由に協力することで人々の多様性を反映させ，知識を洗練させていくといった基本的な構造を持っている．記事の書き込みなどは，編集者に関する情報と共に記録された上で公開されている．変更点は赤文字で表記されるため，他の利用者によってチェックされ，虚偽の内容や誹謗，中傷などの記述は，すぐ発見され，修正されるといったことが繰り返されている．このように，複数の人間による，記事を媒介にしたコミュニケーションを支援することで，集団的知性が実現されているのであるが，特にソーシャルグラフの観点から注目すべき点がある．

そもそも Wikipedia に含まれる記事の執筆は，知的作業の類型で言えば，設計型問題に該当するが，前述のようにそれは大きく2つの作業から構成されている．記事そのものの作成は，創造的作業であって，設計作業で言えば設計案，あるいは仮説の生成にあたる．それに対して，さらにその検証や更新などの診断型の作業をも行わねば，精度の高い記事にはならない．ここで取り上げる情報のフィルタリング機能は，存在している情報に対する評価，診断機能であり，特に Wikipedia で特徴的な点も，記事の洗練過程にある．

Wikipedia の記事の執筆，編集者は，「ウィキペディアン」と呼ばれており，基本的には誰でもなることができる．アカウントの取得を推奨されており，簡単な自己紹介の他に，「ウィキペディアンへの 100 の質問」というプロフィールを設定することも可能である．プロフィール項目としては，パーソナル・データや専門分野の他に，若干のユーモアなども含んではいるが，特に興味深いのは，「他のコミュニティ」という項目があるという点である．

要するに，Wikipedia によって作られているコミュニティのメンバーが，ウィキペディアンであり，ジミー・ウェールズによれば，世界中のウィキペディアンは互いに連絡を取り合い，ウィキペディアン同士のメーリングリストやオフ会などによって情報の交換を行っているとされている．また，「編集回数の多いウィキペディアン」，「活動休止中のウィキペディアン」，「投稿ブロック中のウィキペディアン」などが一覧化され，全ての人々が個々のウィキペディアンの Wikipedia への関わり方を知ることができる．

詳細にデータを分析したわけではないが，ウィキペディアンの繋がりは，デモグラフィック的にはまちまちであろうが，Wikipedia に対する関わり方などが共通する，比較的強いインタレストグラフが構成されていると言えるだろう．Wikipedia を巡る人々の繋がりは，記事を作る側であるウィキペディアンによる強い紐帯があるが，さらに記事を読む側である多くのユーザも存在する．検索エンジンから Wikipedia を見に行くユーザは，記事の編集作業にはあまり関わらず，また固有のアカウントを持つこともない．しかし Wikipedia から Blog や他のメディアに引用するなど，間接的

に記事の編集作業に関与することもある．こうした一般ユーザの関心は，Wikipediaそのものにはあまりないため，繋がりとしては弱いものとなるであろう．このように，Wikipediaを巡って，ウィキペディアンの強い紐帯と，一般ユーザの弱い紐帯の2つが構成されていると考えてよいだろう．そして創造的作業である記事の作成は，ウィキペディアンが行うが，Wikipediaではより重要な機能である記事の洗練作業には，弱い紐帯であるユーザたちも関与するといったように，複数のコミュニティが，大まかな役割分担を行う構造になっている．

こうした前提で，Wikipedeiaにおける情報のフィルタリング機能を考えると，主に「多様性」と「コミュニケーション」に特徴がある．前述のように設計型の問題では，作られた記事に対して，人々のコミュニケーションによる試行錯誤による評価が行われねばならないが，それらは他のウィキペディアンだけではなく，多くのユーザたちも自由に行うことができるということで実現されている．

この点に関しては，Wikipedeiaサイト内の解説である「よくある批判への回答」では，「オープンであることが品質に利益をもたらすという仮説は既に検証されており，仮説を裏付けるように，ウィキペディアの中で多くの人々によって作られた記事のいくつかは，いまや立派な百科事典の記事と比べても遜色ないのです．ウィキペディアの自己修正の過程（ウィキペディアの共同創設者であるジミー・ウェールズは，これを「自己回復作用」と呼んでいます）は非常に健全です．」と説明している．ここで言うWikipedia記事に対する「自己回復作用」は，まさにソーシャルフィルタリングのひとつの姿である．

さらにこのコミュニケーションでは，人々の多様性が反映されることで，「多様な意見はなぜ正しいのか」で指摘されていた「専門家集団は同じ価値観や観点しか持たないため，画一的なツールしか持たない」という「難しさの主観性法則」に対する機能を実現している．これに関しても，やはり「よくある批判への回答」で，「一般にアマチュアは，専門家と話をすると自分がアマチュアであることを自覚し，記事執筆そのものとは違った方法，例えばわからないところについて質問したり，記事のどの部分が不

明確かを指摘したり，調査の下働きをしたりすることで貢献し始めます…ウィキペディアでは，アマチュアと専門家が一緒に作業することによって，一般の人でも概要がわかるような記事を作り上げることができるのです．」と説明されている．そこには，専門家とアマチュアがコミュニケーションを行うという多様性が含まれている．人々のコミュニケーションにおける多様性は，ソーシャルグラフ，インタレストグラフを元に分析すると，より明確になる．これも，ソーシャルフィルタリングのひとつの機能であると言える．

　Wikipediaが，「最初は質の低い記事であっても，将来的には質も量も史上最大の百科事典へと成長する可能性がある」と称しているのは，集団的知性モデルに基づいたソーシャルフィルタリングに起因しているのである．その他にも，運営が寄付によってなされており，広告の掲載がないため，内容の中立性，公平性が保たれるという点など，Wikipediaの記事の精度を高める仕組みは，他にも多々あるのは言うまでもない．

3.2. ソーシャルなデマと欠陥情報の修正

　しかし現実問題として，こうした作用とは逆の現象もしばしば起こっている．ここでは，ソーシャルメディアのひとつ，Twitterでのひとつの事例を示す．

　2009年11月に，Twitterのあるユーザによって以下のような書き込み（ツィート）がなされた（図4-14）．

> 「山手線で，三井の社員証（注：原文ママ）つけた男がおもいきり……ばーちゃん突き飛ばしていった……」

　この書き込みは，またたく間に多くのユーザによってRT（リツィート・メールの転送に該当する）されていった．Twitterは書き込み可能な文字数が140文字という制約があり，ある事実の表現としては不完全なものになりがちである．ここでも，その状況などは「山手線」としか書かれておらず，駅なのか車内なのかわからないし，その結果も不明である．「社員証」

4章　ソーシャルグラフはどう使われるのか

> 山手線で、三井の社員証つけた男がおもいきり……ばーちゃん突き飛ばしていった……
>
> 約3時間前 movatwitterで

図 4-14　最初のツィート

となっているが，おそらくは「社員章」の誤りだろうし，それが本当に「三井の社員証」であったのか，さらに「三井」が何を意味するのかも不明である．そもそも，これが本当にあったことなのか自体，こうした事情から推察するに大きな疑問が残る．

これは明らかに不完全な情報であり，内容も希薄なところから，例えば匿名掲示板では，多くのカタルシス的な投稿のひとつとして，ほとんど顧みられることなく消えてしまったはずだろう．しかしソーシャルメディアでは，発信者の投稿は，ソーシャルグラフがもたらすコミュニティの中で，特に強い紐帯をベースに常に読まれているため，こういった現象が起こってしまうのである．

Twitterは，検索系の機能が低いため，このツィートに対する実際のRT数の正確な実数は不明だが，数日で50件近く及んでおり，さらに元のポスト（投稿）がなされたアカウントは，当時700人強のフォロワーがいた．その情報伝播の実態は追うことができないが，相当数の人間がこのツィートを目にした可能性がある．さらにそのほとんどが，単に転記しているのであって，内容に関して疑問を投げかけるものは，ほとんど存在していない．例えば，

「こういうpostのRTはデマで印象操作として使われる可能性あるよね」

といった指摘もあったが，この指摘の書き込み中でも元の書き込みが付記されており，批判や疑問と共にこの情報をも拡散してしまうという現象も

起こっている．

　この事例では，具体的に何か実害があったというわけではないが，「三井」の関係者にとっては，後味のよい話ではないだろう．しかしこれがより詳細な情報である場合や，あるいは何らかの意図のもとになされたものであったとしたら，問題はより深刻なものとなるはずである．また，特定の企業を貶める意図で最初のツィートがなされたとしても，それを伝達する側には最初の発信者のような意図がない場合もある．

　この場合，元の情報に対して，情報のフィルタリング機能は働かなかった．前述のように，Wikipedia には，オープンなコミュニケーションと，人々の多様性を吸収して，情報の精度を上げていくための仕組みが存在していた．しかし，Twitter は本来人々のコミュニケーションを単に支援するだけのシステムであり，さらにサイコグラフィック変数に基づいた繋がりが多いため，個々の情報の検証がなされずに，書き込みそのものが口伝えのように伝播をしていくという現象が起こってしまうのである．特徴的なのは，これらのうちの多くが現実社会の何らかの事象と接続しているということである．つまりかつての匿名掲示板のように，ネット内だけの出来事ではなく，実社会との関係性が強く生まれてきているという点も，考えねばならないこととして指摘できる．

　その場合，情報を修正する側（例えば本事例の場合「三井関係者」など）が，単に原情報を否定した情報発信を行ったとしても，それが何らかの効果を上げることはないだろう．ソーシャルメディアにおいては，単に欠陥のある情報を修正するだけではなく，さらなる対応や情報発信を求められることが往々にして起こり得る．

　つまり，情報のフィルタリングには，情報を洗練させるだけではなく，欠陥のある情報を情報で修正するという，非常に重要な問題が含まれている．モノに欠陥がある場合，情報でそれを補うことができる．例えば，製品に欠陥があった場合等に，企業が自主的に行う回収，点検・修理制度として，リコールがある．リコールは，一般には社告という形式で新聞の社会面の下段などに掲載され告知されるが，これはモノに欠陥があった場合の，情報による補完制度である．

しかし現代社会では，流通するものはモノだけではなく，情報が大量に生産され流通する．そのため，正しい情報だけではなく，根拠の希薄なものや，誤解，偏見などによるもの，誹謗や中傷など悪意ある情報なども，ネット上に氾濫する．ソーシャルフィルタリングは，こうした情報に欠陥がある場合に機能する作用である．

現実世界では，情報の精度や真偽を判断するためには，情報の発信源，発信元の信頼性が重要である．そのため，例えば単なる口コミよりは，マスメディアや権威のある情報源からのものの方が，信頼性が高い情報と扱われる．同様に，ソーシャルメディアでも，情報の発信源は，情報の質を判断するために重要な要素である．

Web2.0以前では，匿名掲示板が多くの人々による情報発信ツールの代表だった．しかしそれらよりも，ソーシャルメディアの方が社会的影響が高く，また広く注目されているのは，特に情報発信者の匿名性が低いところに，大きな理由があると言えるであろう．ほとんどのシステムにおいては，利用者は固有のアカウントを持ち，プロフィールの登録をすることができる．プロフィールの匿名性が高い場合，ソーシャルメディアではそのアカウントから発信される情報の信憑性や発言力が低いものと扱われる傾向がある．例えばTwitterでは，匿名アカウントでは多くのフォロワーを得ることができないため，その発言も広くは伝播しないし，Facebookやmixiなどでは，実名によるコミュニケーションを想定している．

つまり実名情報によって情報源の保障を行い，匿名性と引き換えに，ソーシャルフィルタリングを実現するというのが，ソーシャルメディアの根底にあるメカニズムだと言えるだろう．そのため，匿名の原理が働くブログや掲示板に比べ，ソーシャルメディアでは，いわゆる炎上といった一方的な誹謗中傷現象が起こり難くなっているのは間違いがないが，逆に違法行為や暴言などによってそれを引き起こすことも生じたりしている．

おそらくこれが，「有名人」や「公人」ではないが，何らかの形で公的な社会関係を持っている中間領域にいる層（いわゆる「半公人」）にとって，ソーシャルメディアで情報発信をするための心理的バリアを，ブログよりも低いものとしている理由であろう．多くのページビューを持つ芸能人ブ

ロガーの多くがTwitterとの相性が悪く，例えばブログの女王と喧伝されたタレントの中川翔子氏が，わずか数日でTwitterを脱退したことなどが話題になった．芸能人などの有名人は，ネットの上でもあえて匿名で情報発信を行う必要はない．つまり多くの無名人が匿名でいるネット上で，記名的な情報発信が行えるということが，いわば有名人のアイデンティティーである．しかし多くの発信者が匿名性と引き換えに情報の発言力を手に入れる情報環境では，記名であることは大きな訴求力にはならない．さらに発言が社会的影響力を持つ，政治家や有名企業トップなどの公人と比べ，発信情報そのものの社会的な価値の低い芸能人ブロガーは，Twitterを敬遠する傾向にあるのだろう．

このように，情報の発信源を明確にするのは，ソーシャルメディア上での情報のフィルタリングを実現するためには不可欠であるが，それを実現するメカニズムが，ユーザの認証である．例えばTwitterの場合，特に公人，有名人に対しては，成りすましを防ぐため，Twitter社が本人確認をしたことを表す「認証済みアカウント」というマークの表示を行っている（図4-15）．これによって，Twitter上のユーザを区分し，社会関係をシステム上に反映させていることになる．しかし，その認証メカニズムや本人確認の手段などは公開されていない．また逆に，全ての公人に認証がなされているわけでもない．そのため，Twitterの運営側は，認証に関して以下のように述べている．

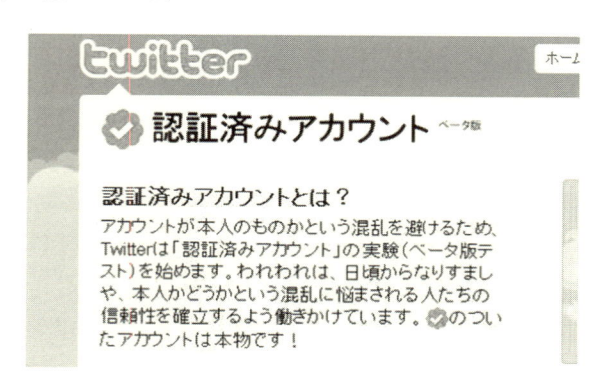

図4-15　Twitter上の認証済みアカウント

「これは，実際に誰が Twitter に書き込みをしているかを認証するものではありません．……これはまた，「認証済みアカウント」マークがないプロフィールが偽物であるというわけでもありません．Twitter 上の大多数のアカウントはなりすましではありませんし，われわれになりすましを 100 ％チェックできるわけでもありません．」

　これを見る限り，本来の意味での認証機能ではなく，ユーザのプロフィールの一部に過ぎないようである．以前，当時の総理大臣の名前を語ったアカウントがツイッター上に複数登場し，そのうちのひとつは，1 万人以上にフォローされることになった．しかし，同党の議員が官邸に確認したことで偽者であることが明らかになり，騒動はすぐに収束したことがあった．これは愉快犯的なもので，大きな問題とはならなかったが，偽アカウントからの

　「本物かどうかという疑問が多く寄せられていますね．こういうのは初めてなので証明するのが難しいですけど，本物です」

というつぶやきは，まさに情報の修正という課題の存在を示している．
　このように個々のユーザのプロフィールは，ソーシャルメディアの重要な構成要素であり，各システムでは情報の発信源を保障するために，固有の認証を行っている．しかしそこにひとつ問題が存在する．ソーシャルメディアは，今後さらによりマルチベンダー化，オープンシステム化していくはずである．筆者らの調査では，ソーシャルメディアユーザのうち，ヘビーユーザほど複数のサービスを使い分けているという傾向が見られる．特にスマートフォンの登場と一般化により，多くのユーザは PC を中心に複数の端末デバイスを使い分けており，その結果として，環境，状況に合わせたソーシャルメディアの使い分けがなされてきている．今後多くのユーザは，複数のソーシャルメディアに跨って利用するようになるはずである．その場合，単一システムや単独企業による認証は，非効率的であると言わざるを得ないだろう．このように，認証の側面からも，ソーシャルグ

ラフそのものを独立させるという技術的課題は，重要なものと言えよう．

3.3. 集合知による問題解決

さらにここでは，集合知を何らかの問題解決に適用するという方向での応用について述べる．情報フィルタリングのように，集団の中に流れる情報を洗練するということではなく，集団の間でのコミュニケーションによって，何らかの創造的な作業を行うようなものである．ソーシャルグラフの応用としては，おそらく最も可能性を持つものであろうと思われるが，現状ではまだまだ十分に応用可能性の検討がなされているとは言い難い．

ここでは，集団的知性に関するひとつの興味深い例として，ある CM のマッシュアップを指摘する．前述のように，IT の世界でも用いられるが，元々は音楽上の手法を意味する用語として使われていた．現在では，ディジタル技術の進歩によって，音楽のみならず，動画でもマッシュアップが試みられており，ネットコミュニティでは，MAD ムービーなどと呼ばれている．Youtube やニコニコ動画など，ユーザ参加型の動画投稿サイトで，しばしばマッシュアップされた CM やニュース動画などがアップされ人気を呼ぶことがあったが，基本的には単発的なものでしかなかった．しかし，15 秒，30 秒という時間の短さとそのクオリティの高さから，しばしばインパクトのある CM が MAD のネタにされることが多く，伯方の塩，タケヤみそ，カビキラーなどが取り上げられている．

その中で，アサヒフードアンドヘルスケア株式会社の「1 本満足バー」の CM が，大変面白い現象を起こしている．同製品は，2006 年 10 月に，30 代男性を対象として発売されたバランス栄養食品で，当時のキャッチフレーズは「夕方からの頑張りに！」だった．しかし先発商品を超えることができず，2010 年 10 月にリニューアルして発売されたが，それに合わせて，草彅剛氏を起用して初のテレビ CM を展開した．当時かなり頻繁に放映されたので，記憶に残っている人も多いだろう．

2010 年 10 月 20 日に，動画サイトのニコニコ動画にアサヒフードアンドヘルスケアとは無関係の一般ユーザによって元 CM がアップされた．そ

の後，そのCMをネタとしたマッシュアップ作品が膨大にアップされ，数週間後の2010年末には，動画数は素材も含めて225本に及んだ（図4-16）．同じ草彅剛氏が起用された新CMの公開などもあり，2012年2月の時点では，「1本満足バー」関連動画が，Youtubeでは1,280本，ニコニコ動画では，1,073本にも上っている．

さらに注目すべき点は，投稿されたこれらのMAD動画の質の高さであ

	2010年10月20日 18:35 投稿 **1本満足バー　15秒・30秒【cm】** つべから．　一本満足のcmです．【変更】1本か一本どっちかにしないと検索しにくいとあったので「1本」の方に直しました．あとただの「ようつべ」か…
再生：218,108 コメ：1,602 マイ：2,896 宣伝：0	

	2010年10月22日 13:55 投稿 **いいなCM　アサヒ　1本満足バー　草彅剛　「マンゾク** ま，ま，満足！
再生：4,853 コメ：46 マイ：99 宣伝：0	

	2010年10月23日 16:00 投稿 **満足コンテスト** ほっ！はっ！まんまん！　M-1出演おめでとー1本満足バー×がくりょくンテスト
再生：1,617 コメ：15 マイ：27 宣伝：0	

	2010年10月25日 23:03 投稿 **スーパー1本満足バーデラックス【スカイハイ】** このCMを見た瞬間作ろうと思った2日クオリティ
再生：51,920 コメ：891 マイ：943 宣伝：0	

	2010年10月31日 02:38 投稿 **1pon-manzok** sm12491671の音を　mylist/15056687　mylist/19994563
再生：1,200 コメ：39 マイ：7 宣伝：0	

	2010年10月31日 22:29 投稿 **危険な1本満足** バー【mylist/10971971】
再生：195,377 コメ：3,620 マイ：3,961 宣伝：2,600	

	2010年11月05日 20:00 投稿 **危険な一本満足【偽】** 新素材か・・・もう一年たったんだね．仕方ないね
再生：5,988 コメ：86 マイ：49 宣伝：0	

図 4-16　ニコニコ動画上の「1本満足バー」マッシュアップ

る．元々，マッシュアップされた音楽は，同じリズムやコード進行など，素材が持つ特徴に着目して創られているが，特にネット上では，いかに意外な素材を違和感なく組み合わせるかが競われている．例えば，演歌の吉幾三氏の歌とヘビメタなどのロックやダンスミュージックなどを組み合わせたものは，「IKUZO」と呼ばれて1つのジャンルともなるほど多くの作品が創られている．こうした投稿サイトでは，質の高い作品でなければ多くの注目を集めることができないので，投稿数の多さは，質の高さに繋がると言ってよいだろう．

この1本満足バーを巡る一連の出来事から，ソーシャルグラフによる集合知の様々な側面を見ることができる．前述のように，Youtubeやニコニコ動画など動画の投稿サイトは，ソーシャルネットではないが，投稿者は個々のユーザアカウントを設定して，作品と自分との関係を明示する．この場合MADの制作者は，同じCMを媒介にした繋がりを持っているとみなすことができるが，さらにマッシュアップ技術を持っているという意味で，属性にもある程度の共通性があるため，そこには比較的強い繋がりがあると言えるだろう．さらに投稿サイトの閲覧者は，商品そのものやタレント，さらにMADなど，様々な興味関心による，若干緩い繋がりである．

特にニコニコ動画では，ユーザが動画にコメントを書き込めるという機能があり（図4-17），おそらくMAD制作者には，視聴者が動画の流れに合わせて書き込んだ様々な感想が参考になるはずである．MADを巡るこうした強い紐帯と弱い紐帯によって構成されたコミュニティの中で，投稿サイトを経由した人々の間でのコミュニケーションが行われ，より質の高いMAD作品が創られていったのがその実態である．前述のように，集団的知性のモデルでは，相互に情報を交換しながら知識を相互に評価，修正しあうことで知性が生まれるとされるが，この場合人々が自由にコメントづけをすることができる投稿サイトが，人々のコミュニケーションを支援して，より質の高いMAD作品が創られていったというのがその実態だろう．

動画の投稿サイトでは，しばしば著作権との関わりが問題視されており，特にタレントや俳優などが関わる作品は，著作権や肖像権者からの申し立てで消されることが多い．さらにこうしたMAD作品は，ほとんどが著作

4章　ソーシャルグラフはどう使われるのか

図 4-17　動画へのコメント

権者に無断で制作されており，著作権法の趣旨から言えば，無断改変による同一性保持権の侵害を理由に，権利者が投稿の削除をすることができる．

しかしこの1本満足バーに関しては，実際のことはわからないが，ほとんど削除された形跡はない．それどころか，アサヒフードアンドヘルスケアでは，2011年10月の新CMの公開と同時に，「1本満足バー」の公式サイト上で，CMで使われていた，「マンゾクのリズム」と称するリズムトラックを元に，フレーズや音楽で遊べる，いわば簡易版のマッシュアップ体験版「MANZOKU Voices Player」をユーザに提供するという試みを始めた（図 4-18）．

実は，MADとしてネットにアップされているものは，圧倒的にこのCMのリズムの面白さとフレーズ，さらにコミカルなダンスを生かしたものが多く，制作者はいわばその特徴をどう生かすかを競っているのである．こうしたMADの制作者たちが着目したCMの特徴を，この「MANZOKU Voices Player」は巧みに吸収している．実際にこれを使って，自分がエフェクトを付け加えた音楽をダウンロードすることまでできるので，実質的

133

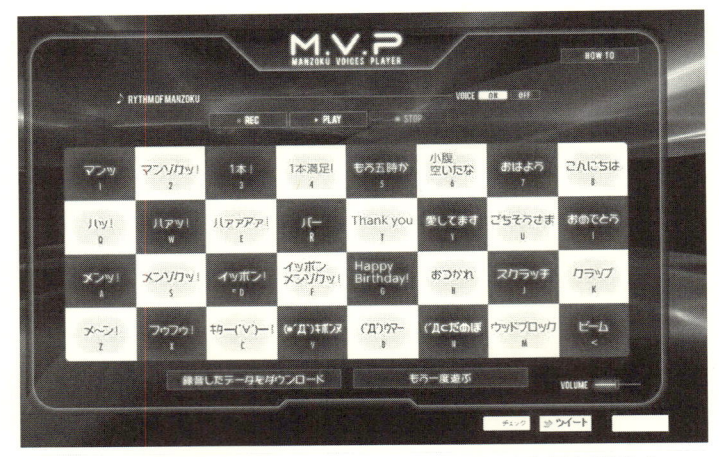

図 4-18　MANZOKU Voices Player

に，マッシュアップを肯定した，と言うより，積極的にバックアップしているようにも見える．

　さらに興味深いことには，アサヒフードアンドヘルスケアによる，同製品の新 CM でも，MAD の制作者たちが着目してきた特徴は踏襲されていて，それらを使った MAD 作品も新たに創られている．「MANZOKU Voices Player」と併せて考えてみると，その実際のところはわからないが，素材となった CM の認知度を高めることで，プロモーションとしての効果が期待されているというのは間違いないだろう．動画投稿サイトにアップされたこれらの MAD 作品の総再生数は大きな数に及んでおり，元 CM だけの場合と比べて，ネット上における認知効果は遥かに大きいだろう．

　アサヒフードアンドヘルスケア側は，それらに対して削除したり否定したりしたわけではなく，また直接何かを表明したわけではなかった．しかし，「MANZOKU Voices Player」を提供するなど，ツールや Web を提供することで，多様な人々が相互にコミュニケートできるような環境の整備を行った．さらに新たな CM の制作においては，人々の興味，関心に則った作品を創り，新たな素材を提供している．おそらくは，動画サイトなどを通して，ソーシャルリサーチがなされたものと思われる．その結果として，

アサヒフードアンドヘルスケア側は，人々の集合知を利用してプロモーションという作業を行うことに成功したのである．人々の多様性を拾い上げ，さらにコミュニケーションを支援することに成功したといった点が，集合知を使った創造的作業のポイントと言えるだろう．

ソーシャルメディアを使った意図的なプロモーションや採用活動などに失敗して，いわゆる炎上という現象を引き起こしたり，企業イメージを下げたりしてしまう事例は多々ある．この1本満足バーの例は，元々マーケティング的な意図で行われたわけではなく，MADの制作という創造的な作業が，集団によって行われることに着目すべき事例である．企業側は，あくまで人々の多様性とコミュニケーションを支援するという位置づけでいたことが，結果として効果的なプロモーションに繋がっているのである．

3.4. 群衆の知恵としてのソーシャルグラフ

ここで述べる「群衆の知恵」モデルは，特に集団を構成する人々の量的な側面に着目するものである．弁証法などで指摘されてきた現象に，量が質に転化するという「量質転化の法則（Quality from Quantity）」がある．量的に莫大な変化は，質的な変化をもたらすといった意味であり，しばしばインターネットによってもたらされた情報化社会や情報爆発現象を指摘するものとしても使われることがある．また物理学の領域で，物質の姿（相）が，ある一定の閾値を超えた瞬間に他の形態の相に変わる，相転移という現象になぞらえられることもある．ここで述べる群衆の知恵モデルは，集団を構成する複数の人々から，この量質転化の法則で示されるような，質的な多様性とは異なった側面から，集合知を導き出すものである．

この群衆の知恵モデルでは，参加者が個々に自律していることによる人々の多様性を集約することが，機能の源泉である．そのため，人々のアウトプットを数値化するなど，データの客観化と，集約したり評価したりするメカニズムが必要である．そこでは，基本的に人々の間にコミュニケーションや繋がりを必要とはしないため，必ずしもソーシャルグラフそのものを必要とするわけではない．むしろこうしたモデルでは，人々のコミ

ュニケーションが結果に対するバイアスとなる場合もある．

その最も単純な例が，多数決の原理である．多数決が使われている典型例に選挙があるが，投票する有権者相互には，基本的に選挙区以外の繋がりがなく，さらに様々な人々が含まれるため，自律性，多様性が高い集団である．前述のように，自律性，多様性を失った集団は，衆愚化してしまい，集合知とは対極にある現象を引き起こすことになる．本来的な意味で言えば，有権者は自律した自由意志で投票行動を行わねばならない．言い換えれば，大衆操作や選挙区の意図的な改変（ゲリマンダー）などによって，有権者の自律性，多様性を極小化することで，衆愚化してしまうことが可能であるということも意味している．

このように，集合知のモデルとしては，人々の自律性を保障し，さらに量的な変化を捉えて評価するためのメカニズムが必要となる．さらに，問題の類型で言えば，主に個々の意見や情報を数値化して集計するなどの処理によってアプローチができるような選択型や診断型の問題に親和性がある．特に企業が行うプロモーションは，本質的に選択型か評価診断型であり，多くの成功事例からこの群衆の知恵モデルを見出すことができる．

ここでは，ソーシャルグラフを含んだ群衆の知恵型のモデルについて考察する．実際の選挙を考えてみると，完全に独立した個人が選挙行動を行うといった例の方が稀であり，候補者は後援会や支持母体などの人の繋がり，コミュニティを持っており，実質的には複数のコミュニティによる集団的作業という構造を持っている．

例えば近年話題のアイドルであるAKB48のプロモーションとして行われている「AKB総選挙」などは，繋がりを基にした群衆の知恵の適用が非常にわかりやすい構造を持っている．旧来，歌手やアイドルは，プロデューサやスタッフによって様々な行動が決定される．しかしAKB48は，ファンの選挙により，シングル盤のメンバーやメディアに優先的に出演できるメンバーが選出されることもある．そのため，アイドルそのものではなく，特定のメンバーを応援するという，ファンの行動パターンが主流となってきている．それはおそらく「モーニング娘。」のような多人数アイドルの登場を契機とすると思われるが，ファンが多くのメンバーの中から

自分のお気に入りのメンバーを応援するようになってきた．通称「推しメン」と呼ばれるファンとアイドルの関わり方は，アイドルを媒介にするコミュニティである．選択肢が与えられているような選択型の問題では，コミュニティをベースにすることで，問題解決がより活性化する可能性を持っている．

さらに，AKB48のメンバーをプロモーションに起用した企業では，コミュニティ内の強化を支援するツールを公開したり，ソーシャルメディアとの連動などを試みるなどを行っている．例えば，江崎グリコ「アイスの実」のプロモーションでは，同社の公式サイト上に公開されたゲーム「推しメンメーカー」が話題となった．こうした旧来の芸能人とは異なった，コミュニティをベースとしたアイドルのあり方は，ソーシャルアイドルと呼ぶべきものかもしれない．

このように，群衆の知恵モデルは，選択型の問題や評価型の問題に適しているが，人々の入力を客観化し，評価システムを設定することで，設計型の問題にも適用することが可能である．その例としては，ユーザ参加型の日本語入力システム（日本語FEP）である「ソーシャルIME（Social IME）」（http://www.social-ime.com/）がある．ソーシャルIMEは，元々慶應大学理工学部の大学院生が開発したもので，IPA（情報処理推進機構）の協力によって，2009年から公開されている．

その発想はごく簡潔なものであり，Social IMEでは，日本語変換のためにFEPを使うユーザが，ネットを通してサーバ側にある変換辞書を共有する構造をとっている（図4-19）．ユーザが登録した単語は，共有辞書に追加され，ユーザに共有される．それによって，芸能人の名前や漫画の作品名，さらには様々な分野の専門用語などが，辞書に追加されていくことになる．さらに，既存のWebページの文章から単語の使用頻度などの統計量を算出して，よく使われる文章表現を予測変換の候補としている．つまり多くのユーザが，IMEの編集に関わることで，その多様性を辞書の開発や学習などの作業に反映するという効果を狙ったものである．

この場合，日本語FEPが人々の繋がりを媒介しているが，ユーザ同士に直接の繋がりはなく，またコミュニケーションも行われない．しかしそ

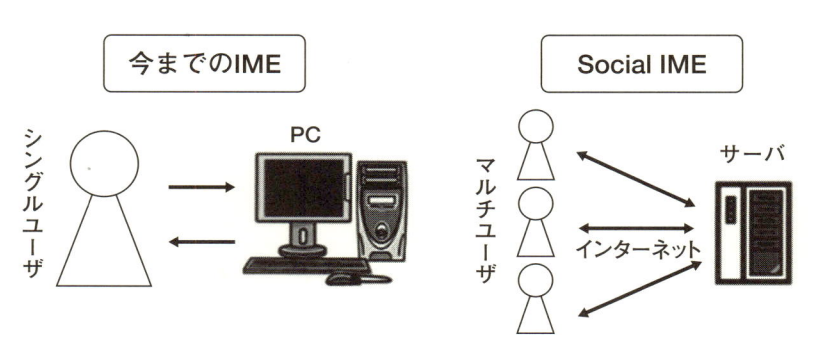

図4-19 ソーシャルIME（http://www.social-ime.com/）より

の多様性を吸収するシステムによって，日本語入力システム自体が，より洗練されたものとなっていっている．例えば，開発者によると「パソコン初心者を対象とした実験では，Microsoft Office IME 2007 と比べて入力時間が 21％，キー操作が 26％削減された」とされているが，これは多数決原理によって，多くの人々が頻繁に使う用語や候補が優先された結果と言えるだろう．

ただし前述のように，こうした群衆の知恵型のシステムでは，人々のアウトプットを評価，診断する機能が必要となる．Social IME の問題点として，個人名やメールアドレスが共有辞書登録されることで，個人情報が漏洩してしまう恐れがあるという指摘があるが，これは，作られた辞書を評価したり診断したりする機能の必要性をも意味していると言えよう．

本システムの開発側が，ソーシャルグラフそのものを意識しているかどうかわからないが，辞書は入力される情報を明確に反映するため，特定のユーザと履歴を結びつけることで，精度の高いソーシャルグラフを作り上げることが可能である．例えば，特定の単語が組み合わされて出現する場合，職業や関心事項，知識レベルなどに，何らかの共通性を推定することができる．逆にその繋がりを用いてソーシャルリサーチを行い，特定のグループやコミュニティに特化した辞書を構築することもできるであろう．この例からも理解できるが，人間が作り出す様々な情報に基づいて，いろいろなソーシャルグラフを構築していくことが可能であるし，既存のシス

テムにソーシャルグラフを付加することで，新たなシステム価値を生み出すこともできる．そういったシステムも，ソーシャルメディアの範疇に含まれると言えよう．

4. ソーシャル・ディジタルセルフと自己分析

4.1. ディジタルセルフ研究の経緯

2000年前後になって，人類が生み出す情報が，急激に増大して来ているということが明らかになってきた．そういったトレンドを，「情報爆発（Information Explosion）」と呼んでいる．元々，第2次世界大戦後を契機とする科学技術の進歩に伴った論文や出版物の増加現象をそう呼んでいたが，ネットワークやディジタル技術の進歩による今世紀初頭の現象は，かつてとは比べ物にならないほど，質量共に大きなインパクトを持っている．

現代における情報爆発の実態を明らかにし，問題提起を行ったのは，2000年のカリフォルニア州立大学サンディエゴ校（UCSD）のレポート「How Much Information?」である．同校の2008年の調査では，特に情報メディア中におけるテレビや出版物など，旧来型メディアの占める割合が全体の半分にまで減少しており，ネットメディアが人々の主要メディアとなってきていることが明らかとなっている．そこには，ブログや掲示板など個人が情報発信をする手段も含まれており，現代の情報爆発は単なるマスメディアだけの問題ではない．ソーシャルメディアの登場も，その傾向に拍車を掛けており，情報爆発自体は，未だに止まらず続いているトレンドである．

特にこうした増大する個人の記録的な情報に対しては，それをどのように蓄積し統一的に利用するかが研究されてきた．ここまで述べてきたソーシャルグラフの応用も，そのうちのひとつとして位置づけられる試みであり，基本的にソーシャルメディアによって作り上げられたソーシャルグラフを，客観的なデータとして用いるという，他者によるソーシャルメディ

アデータの利用である．そのため，後述の「5章　まとめ」でも述べるように，個人情報との関係が指摘されることもある．

　ここでは，ブログや掲示板などによって蓄積した自らの記録を，自らが利用するといった応用に関して述べる．これは情報発信者自身が，自分の情報を利用する試みであり，他者による記録の利用ではない．その代表的なものに，「ディジタルセルフ（Digital Self）」と呼ばれる研究がある．これは，2000年初頭頃に，ブログを中心とした個人の記録的な情報の増大に伴い生まれてきたもので，「ネット上，コンピュータ上に構築された疑似的な自己」といった意味を持った考え方である．主に社会学や社会心理学の領域との学際研究として，自分自身と記録されたディジタルセルフとのやりとりによる自己理解を目指すという方向性で研究されており，大きく3つほどの内容を含んでいる．

① 自己の視聴覚情報などの記憶を外化するもの
② 他者やWebなど外部情報源から自己に関連するデータの蓄積を目指すもの
③ 自己の生理データの蓄積を目指すもの

　①と②は情報源の違いであり，①を「外化記憶」，②を「内化情報」と呼んでいる．また，③は「生理記憶」と呼ばれ，主に健康管理などのために用いられることが多く，その典型例が医療で用いられるディジタルカルテである．これらディジタルセルフとの対話によって，様々な側面から自己を理解することを主な目的とするが，具体的には過去の記憶の明確化や自己特性の発見，自己管理や癒しなどの効果があるとされている．当時の研究の一つの方向性として，特に人工知能分野で，自己の知識や経験などを集約した存在として，自分の代わりにサービスを行う知的エージェントの構築可能性が探られていた．しかし，主に対象とした匿名掲示板や個人のブログレベルの情報源では，得られる情報の質，量ともに精度が低く，結果として大きな成果を上げることはできなかった．

　ここまで述べてきたように，ソーシャルメディア上には，人々の繋がり

関係に纏わる情報が蓄積されているが，個々のユーザにとっては，ソーシャルメディアは，新しい形の日記やアルバム，メールのように，日常に入り込んで使われている．ブログやツイートなどは，ネット上に日常的に蓄積された（外化された），自らの無意識的な自己の記録であるが，さらに人との繋がりの中での，他者からの評価やコミュニケーションなど，自らの社会関係に基づいた記録でもある．

特に，ソーシャルメディア上の個々人のプロフィールや発信する情報など，繋がりではなく個人情報そのものにフォーカスを当てたものも，最近では「ディジタルセルフ」と呼ぶことがある．本来ソーシャルグラフは，人々の繋がり情報を抽象化したものであって，個人情報とは区別されるが，ソーシャルメディア上にある個人に関する様々な情報を対象にすることで，より精度の高いディジタルセルフの構築が可能となるという点が重要である．こうした方向性のディジタルセルフを，特に旧来のものとは区別して「ソーシャル・ディジタルセルフ」と呼ぶこともある．

旧来，自己に関する情報は，日記や写真アルバムのようなアナログ手段によって，極めて私的なものとして構築されてきた．ディジタル化されることで，保存や伝達，編集などが容易になり，ネットを通して，自らだけではなく，時間，空間を越えた他者にも開示されることになる．そのため蓄積される情報には，客観化やフィルタリングなどがなされ，極私的な日記やメモなどに比べて，記録としての精度が高くなる傾向があることが明らかになっている．そこから，自分自身のために何かを導き出そうとする試みが，ソーシャル・ディジタルセルフである．しかし，個々のユーザにとっては，ソーシャルメディアは，人々の繋がりを支援し，自分の人間関係を拡大するような，他者とのコミュニケーションツールとしての側面が強いだろう．そのため，現状のソーシャルメディア研究では，蓄積されたデータを自らのために用いるといった試みは，ほとんどなされてはいない．

また，人間の繋がり関係やコミュニケーションだけではなく，映像，音声，位置情報など人間が日常生活で生み出すあらゆる情報を，携帯電話やGPS，センサー，小型カメラなど，様々な情報機器を用いてディジタルデータ化し，記録，蓄積したものを「ライフログ (Lifelog)」と呼ぶ．ディジタ

ルセルフは，最終的にはこのライフログに包含されるものだという考え方もある．

このソーシャルメディア上に蓄積されたディジタルセルフの応用として，最もわかりやすいものとしては，自らを客観視する「自己分析」作業が考えられる．例えば，就職活動の時期になると，多くの学生が，「自己分析」「自己理解」といった，自己を客観化する作業を行うようになる．こうした自己分析のための手法としては，他者へのインタビューや過去の手帳や日記などを振り返るといった手法が存在する．しかし，実際の学生の取り組みを見ても，自分自身を客観化し，分析するのは決して容易ではない．特定の時点で，過去のデータや日々の心の動き，行動などを整理し抽出するのは難しく，また社会関係における自分の姿は，より客観的な視点でとらえる必要があるが，常に自分のことを見ていてくれている第三者などは，まず存在しないだろう．その意味から言えば，ソーシャルメディア中に記録された自己に関する情報は，自己を知るための強力なツールとなる可能性を持っていると言えるだろう．

大学生層に限れば，筆者の調査では，3S のうち，mixi の認知度とユーザ数が最も多いようである．2004 年に日記を中心にした SNS としてサービスを開始した mixi は，2005 年には大学生を中心に話題になり始め，既に 10 年近い蓄積がある．特に，2009 年春より，ユーザの年齢制限を 15 歳以上に引き下げてからは，高校生から利用を始めたユーザが増えてきている．2012 年度に大学 3 年次を迎えた世代（1991, 2 年生まれ）で言えば，その多くが高校 1, 2 年から使い始めているようであり，高校時代から大学生に至る記録が蓄積されている．そのため，ソーシャル・ディジタル・セルフを用いた自己分析に関しては，十分分析に足る量のデータが存在していると考えていいだろう．

昨今では，通称「ソー活」と呼ばれるソーシャルメディアを使った就職活動がしばしば話題になる．ソー活とは，（ソ）ーシャルメディアを活用した（双）方向で行う就職，採用活動を意味しており，企業と学生との双方向のやりとりをベースとしたものを意味することが多い．しかし本書で述べてきたように，ソーシャルメディアやソーシャルグラフの機能や価値

は，単に双方向コミュニケーションだけにあるわけではなく，ソーシャルメディアを用いた就職活動にも，多くの応用可能性があるはずであり，この自己分析への応用は，その代表的なものと言えるだろう．

ただし，ソーシャルメディア上のデータを自らが利用する場合，現実の人間関係と，ソーシャルメディア上の関係を記述したソーシャルグラフとの乖離が指摘されることが多々ある．筆者の調査でも，相手側のメディアリテラシーやPCスキルの問題によって，現実世界の知り合いが必ずしもネット上では繋がっていないケースや，その逆に現実世界でほとんど関係を持たないにもかかわらず，ネット上で繋がっているケースなども存在することが明らかになっている．しかし，ソーシャルグラフを自己分析に用ようとする人間にとって，おそらく前者のようなケースは，人間関係においては極少数のはずであり，グラフ上にノードとして現れなくても，分析結果に大きな影響がないことが多い．また後者の場合，そういう繋がりこそが，弱い紐帯として，ソーシャルグラフ上重要な役割を果たすことが多いということをも指摘されている．そもそもソーシャルグラフは，単に人間関係をそのまま記述したものではなく，ソーシャルメディアによって情報が媒介される，情報の経路を示すものであり，ここでは，情報の伝播といった側面から，自己分析を行うといった点を指摘する．

4.2. ディジタルセルフの整理と分析

以降には，就職活動を想定した自己分析作業を例に，ソーシャル・ディジタルセルフの応用に関して述べる．ここまで述べてきたように，ソーシャルメディアに蓄積されているデータには，本書のテーマであるソーシャルグラフと，それを作り上げるベースとなるプロフィールがある．さらに，各システムによって異なっているが，日記や投稿，写真や，他者によるコメントなど，コンテンツそのものが含まれる．ソーシャル・ディジタルセルフは外化された自分の情報なので，ソーシャルメディア中のソーシャルグラフとコンテンツを元に構築することができる．

・ソーシャルグラフによるディジタルセルフ分析

　本書の表3-3では，自分のプロフィールを元に，特にデモグラフィック変数を元に，自らを中心としたソーシャルグラフを数列表現にした．前述のように，そこから自らの属性毎のノード数の計と，繋がり中の多重度の2つの値を得る事が可能である．前者の値は，関係が生じた根拠を集計したものであって，それによって自らが所属，準拠する集団，つまり強い紐帯を明らかにすることができる．また後者の値は，その人の人間関係における多重の繋がりの度合いを測る事ができるが，これは，その人物の繋がりの質の濃淡を示している．

　表4-1には，これらの値に関して，前述の表3-3で示した学生Aと，他の学生Bの属性毎のノード数を示す．学生Aのデータでは，小中学時代の繋がりが最も多く，現在の所属である大学時代の繋がりは，それよりも若干少ない．実際この学生は，小中を一貫校で学び，高校と大学はそれとは別な学校に進学している．そのため，繋がり関係がほぼ分散している．しかし学生Bは，小中学の繋がりが非常に少なく，大学での繋がりと，サークルの繋がりが突出している．この学生は，小中高と，転校が多かったそうである．そのため，学生Aとは違い，繋がり関係が偏っており，どちらかと言えば，過去の人間関係よりも，現在の関係を重視する傾向があるということが推定できる．

　さらに注目されるのは，「その他」に属する繋がりである．ここには，友人からの紹介や飲食，観劇，習い事などの文化活動で知り合った相手など，デモグラフィック変数の共通性が無い繋がり関係が含まれている．文化活動などは，いわば趣味，嗜好などのサイコグラフィック変数による繋がりを生み出すことが多いが，それらはデモグラフィック変数としては共通性を持たないため，そこに存在するのは，主に弱い紐帯のグループだと言えるだろう．学生Bの方が，その他に属する繋がりを多く持っているため，特定の集団への帰属性が若干低く，異文化との接触機会が多いため，その結果として情報感度が高いという傾向があるとも判断できそうである．

　また後者の多重度の値は，表3-3に示したように，個々の人間との繋がりを，繋がりの根拠から整理したもので，これは，その人間との繋がりの

深さの度合いを示している．ある人間関係において，複数のデモグラフィック変数に共通性がある場合，単純に考えても接触時間や帰属意識などに強い共通性があるはずであり，繋がりは深いものとなるだろう．そこから，自分にとって強い繋がりを持っている人間が誰かを明らかにすることができる．

　前述のように，Facebookなど多くのソーシャルメディアでは，一人の人間との間に，複数の繋がりを設定することができない．そのため，繋がりの根拠に基づいた合計と，ソーシャルメディア上の合計数には違いがあり，その比率を求めたものが，表4-1中の繋がりの多重度である．表の例では余り顕著な違いは見られないが，Aの学生の方が，複数のデモグラフィック変数を共通にする繋がりが多く，多重度は若干高い．どちらかと言えば，長く深く人間関係を持つ傾向を持つものと推測できる．つまり，この多重度の値から，その人物の人間関係の傾向を見ることができるのである．

表4-1　学生の繋がりの分析

繋がりの根拠	A	B
幼稚園	8	0
小学校	80	7
中学		13
高校	72	72
大学	53	83
大学受験	7	0
短期留学	1	0
就活	17	0
サークル	26	59
バイト	34	17
仕事	21	0
親戚	1	0
その他	58	79
計	378	330
Facebook上の友人数	364	325
繋がりの多重度	1,038	1,015

ディジタルセルフの分析としては粗いものではあるが，このようにソーシャルグラフを使うことで，自分にとっての強い紐帯となる属性は何か，つまり自分の所属するコミュニティとその中での自分の位置，さらに自分にとっての弱い紐帯は誰かなど，ネット上に構築された自分の姿を客観化することが可能となると言えよう．

・**コンテンツによるディジタルセルフ分析**
　さらにディジタルセルフのもう1つの構成要素として，コンテンツそのものの分析に関しても述べる．本書では，あくまでもソーシャルグラフを対象としたため，コンテンツに関してはそれほど触れてはこなかった．各ソーシャルメディアでは，APIによってプロフィールや繋がり関係以外に，コンテンツそのものをも公開している．
　まず注目されるのは，こうしたAPIを利用した，ソーシャルメディア上のログ保存サービスである．これらを利用することで，自分が各ソーシャルメディアに投稿した様々なコンテンツデータをダウンロードして，分析に使うことができる．3Sで言えば，Twitterのデータを扱う「ツイログ（http://twilog.org）」が，ログ保存に関しては代表的サービスである．XMLやCSV形式でデータをダウンロードできるが，むしろログを元にブログを作り出す，ブログ形式での保存機能に主眼が置かれているようである．Facebookは，2012年になって公開された比較的新しいサービスである「FBログ（http://fblog.jp）」が，やはりブログ形式での保存機能を提供している．Facebookには，それまでこれといって代表的なログ保存サービスはなかった．mixiについては，こうしたオンラインサービスではなく，「撤退！mixi」というフリーソフトが存在しており，日記，メッセージ，フォトアルバムなどのバックアップなどが可能である．
　こうしたサービスの機能や状況を見てもわかるように，ソーシャルメディアやその応用システム自体が，種類や機能的にも豊富であるのに比べて，ソーシャルメディアを対象としたバックアップやログ保存サービスそのものは，あまり存在していなかったと言ってもよいような状況である．おそらくは，元来ソーシャルメディアは，リアルタイム的なコミュニケーショ

ンに主眼を置いたサービスとしての側面が強いため,そのログを活用するという方向性では,展開されていなかったためであろう.

しかし近年では,ソーシャルメディア中のデータだけではなく,ライフログを想定したようなサービスが,登場し始めている.例えば,様々な情報機器や形式のデータに対応する,オンラインのストレージサービスであるEvernote (http://evernote.com/),ストレージ内のデータとローカルマシン上のフォルダとの間で同期を取るタイプのサービスである Dropbox (https://www.dropbox.com/) や SugarSync (http://www.sugarsync.jp/),テキスト,画像,リンク,音声,動画など,様々なデータの共有サービスである Tumblr (https://www.tumblr.com/) や,位置情報に特化した共有サービス foursquare (https://ja.foursquare.com/),さらにはソーシャルメディア上の様々な情報を整理,ダイジェストするキュレーティングサービスの Paper.li (http://paper.li/) や,自分のソーシャルグラフに特化した Summify (http://summify.com/) など,ソーシャルメディアのデータだけに留まらない様々なサービスがある.

ただし実際問題として,ソーシャルメディア上のコンテンツに関する著作権は,本来著作者である各個人に帰属すべきものではあるが,多くのソーシャルメディアでは,サービスを提供する側が,コンテンツを自由に流用できるような規約が定められている.特に,Twitter を始め,YouTube,Ustream などでは,その流用は無償かつ全世界的に可能であり,第三者への再許諾や,翻案,改変を含むあらゆる利用権が,サービス側に認められている.さらに,Ustream と Twitter の場合,ユーザが自分のコンテンツを自ら消去したり,アカウントの削除をした場合でも,利用権が永久にサービス側にもあると解釈されるような規約が定められている.本来,コンテンツの著作権を持つユーザ側が,自分のデータを自由に利用することが可能なのは当然であり,データをログとして蓄積し利用するための環境は揃ってきている.さらにソーシャルメディアを運営する側も,ユーザと同様にデータを利用するための強力な権利を保持しているのは,ソーシャルメディア上のデータの価値の高さを示している.しかし,個人による自分のデータの活用に関しては,ほとんど試みられてはおらず,ソーシャルグラフの応用の一つとして,今後大きな可能性を持っていると言えるだろう.

・コンテンツデータの時系列化

次に，このようにして取得したコンテンツデータに対して，整理，分析を行うが，最も典型的な手法としては，ライフログ研究でも試みられているように，コンテンツデータの時系列化がある．2011 年から，Facebook が，個人の投稿記録を，タイムライン表示という時系列形式のものに大きく切り替えた．そこでは，図 4-20 に示すように，コンテンツが時間軸に沿って整理されて提示されるが，これは，ライフログとしての方向性を念頭に置いたものと思われる．

時系列に整列されたコンテンツから，何をどのように分析するかに関しては，大きく 2 つの考え方がある．これらのコンテンツを，① 自分の外的な環境に対する反応記録と位置づけるものと，② 自分自身の連続した変化の記録として捉える考え方である．

前者は，自分を取り巻く外的な環境で生起する出来事（イベント）毎に，自分自身の反応を読み取る方法である．我々の身の回りでは，公私を含めて様々なことが起こる．それらと自分の投稿や記録を対応させて，分析をしていく．具体的には，外的なイベントとして，政治，経済，社会，国際などの社会的イベント，仕事，進学，学事，バイト，サークル，留学，インターンなどの公的イベント，観劇，読書など文化的イベント，そして恋愛，喧嘩，離別など私的イベントが考えられる．これらのイベントに対する自分の反応の分布から，自分の関心事項や知識レベルなどを推定することができる．さらに，コンテンツに対して，頻出単語の抽出や，イベントに対する自分の反応を，肯定否定など評価の側面から分析する評判分析手法などを用いることで，自分自身の姿を客観化することもできる．同様に，投稿に対する他者の反応から同様の分析を行うことで，他者から見た自分の姿を知ることも可能となる．

後者は若干わかりにくいが，ある一定の指標や観点を用いて，時間の変化に従った自分の変化を読み取るものである．その例として，自分自身の呼称である自称詞や他者から呼称される他称詞に着目し，その変化を見る手法がある．具体的には，その人物がどのような自称詞を使用するかとい

図 4-20　Facebook 上のタイムライン表示

う点から，自分の社会的文脈をどのように判断しているか，また他者からどのような印象を形成されているかなどの検討が可能である．さらに，他者がその人物に対して使用する呼称によって，他者がその人物をどう捉えているか，またその人物をとりまく社会的関係についても，ある程度探ることは可能である．呼称を指標とするならば，特に両親への呼称の変化も，その人物の内面的な変化を明らかにする指標のうちの一つと言えるだろう．

以上が，ソーシャル・ディジタルセルフとそれを用いた自己分析の概要である．ここで述べたように，心理学などの知見と，テキストマイニングなど言語処理技術を必要とするため，まだまだ研究そのものは進んではおらず，その方法論も含め，今後の展開が期待されている．

5章

まとめ —— 個人情報とソーシャルメディア

　2005年4月1日の個人情報保護法の全面施行を契機に，個人情報に関して社会的な関心がにわかに高まってきた．実際のところ，施行当時は，その解釈にも混乱があり，国民生活センターでも人々の過剰反応や逆に過大な手続きを課す事業者の対応などの事例が報告されている．筆者のように学校という多くの個人情報を扱っている現場にいる者もその例外ではなく，担当している学生のデータを扱うのにもいろいろ不自由を感じた記憶がある．

　ところが，2004年に日記を中心にしたSNSとしてサービスを開始したmixiが，2005年には大学生を中心に話題になり始め，筆者の周りでも多くの学生が利用し始めていた．当初，mixiは招待制を採っていたこともあり，実名登録を推奨していたため，ユーザの学生たちが，フルネームや誕生日，その他個人情報を躊躇なくユーザプロフィールに登録しているのを見て，大きな違和感を拭えなかったことを記憶している．教職員など利害関係者には厳密に情報が管理され，その一方でソーシャルメディアやインターネットでは，自らが進んで個人情報を晒しているという，どこか矛盾した社会状況が，理解できなかったのである．

　ところが実際に，WinnyなどP2Pを狙ったウィルスで個人の写真などが流出し，さらにそこにmixiのプロフィールが加わることによって，多くの悲惨な出来事が起こったし，その後もTwitterやBlogなどでの発言が元で，個人が特定され，炎上などの現象を起こすことも度々起こっている．これはどう見ても，個人情報保護法の趣旨とは相容れない事実であり，実際にこうした事態を切っ掛けに，mixi側は対応をせざるを得なくなった．もちろんこれはmixiだけの問題ではなかったが，ソーシャルメディ

アを標榜して市場に認知されたのは，mixi が最も早かったので，良くも悪くも注目を集めたのは間違いのない事実である．現在 mixi では，事細かく個人情報に関する規定や注意事項などが定められている．

　ここ数年では，Facebook がビジネスユースを含み，急激に浸透してきている．そこでは前述のように，mixi よりも遥かに細かく具体的にプロフィールが登録可能であり，その意味では，mixi よりも遥かに個人情報との関わりを意識せざるを得ないだろう．もちろんソーシャルメディア自体が広く認知され，人々の情報意識が向上したという背景はあるが，個人情報とソーシャルメディアの関係が解決したわけではない．

　ソーシャルグラフと言えば，どうしてもこの個人情報との関わりを思い出さざるを得ない．そもそも個人情報保護法では，「個人情報」を「生存する個人に関する情報であって，当該情報に含まれる氏名，生年月日その他の記述等により特定の個人を識別することができるもの」と定義している．さらに「個人情報データベース等」とは，個人情報を含む情報の集合物であり，「特定の個人情報を電子計算機を用いて検索することができるように体系的に構成したもの」を言うと定められている（個人情報の保護に関する法律　第二条）．これは確かに，ソーシャルプロフィールを元に構築されたソーシャルグラフを意味しているように見える．ユーザがどういう属性や経歴，嗜好を持ち，さらにどういう人間関係を構築しているかなどは，確かに個人情報である．

　しかしソーシャルグラフとは，そもそも基本的な観点が異なっており，本質的に個人情報とは異なったデータであるという点は重要である．本書の最初に定義したように，ソーシャルグラフとは，「ネット上の人々の有意味な繋がりを抽象化して記述，蓄積したもの」である．それを構築するためには，人々の属性を明らかにし，それに基づき繋がりに意味づけを行わねばならない．それらの根拠となるものが，人々のデモグラフィック変数とサイコグラフィック変数だった．つまり，個人の識別情報はソーシャルグラフを構成するための要素ではないのである．ソーシャルグラフは，個人の姿を明らかにするのではなく，特定の属性を持った「誰か」の繋がりを明らかにするものである．オイラーが地形や街の具体的な姿を捨象し

たことと同様に，個人を識別することができる情報は，ソーシャルグラフでは捨て去られてしまう．ソーシャルグラフで抽象化された繋がり情報は，個人の属性を抽象化したものであり，個人を離れたものを意味するのである．

個人の特定には個人の氏名や電話番号，メールアドレスなどが重要であるが，端的に言ってしまえば，氏名や電話番号などからは，その人間の属性を知ることはできない．メールアドレスは，ドメインからかろうじて所属組織を推定することも可能ではあるが，それらはデモグラフィック変数によって記述されている情報でしかない．つまり個人の交際範囲や関係性を洗い出すのではなく，様々な人間の様々な関係のパターンを明確化するものと言ってよいだろう．

ソーシャルメディアは，個々の人間の繋がりを支援し，様々な機能を提供してくれる．個々のユーザにとっては，自分の人間関係を拡大するものであり，端的に言えばそれ以上のものではないだろう．そこから何かを導き出そうとする試みが，前述のディジタルセルフである．ソーシャルグラフは，ディジタルセルフとは方向性が異なっており，個人を属性と他者との繋がり関係だけで抽象化したものであって，個人そのものには関心を持たない．あくまでも，社会において誰かと繋がっている誰かにフォーカスを当てたものなのである．

しかしその個のデータが多く集まり，それらが特定の規則性によって整理された場合，そこに有意味性が生まれてくる．それがソーシャルグラフであり，ソーシャルを標榜するシステムの価値や機能は，それをどう用いるかに依存する．ソーシャルグラフは，現在のシステムでは重要なプラットホームであり，欠くことのできない機能モジュールであると言える．

おわりに

　mixiが登場してきたとき，正直に言えば，何が面白いのか，その新規性や意義など，全く理解ができなかった．言葉は悪いが，誰でもが考え付きそうな仕組みだし，先進的な技術が使われているようにも見えない．ほとんどの人が，当時はそう思ったのではないだろうか．その感覚は，TwitterでもFacebookでも，変わることはなかった．半ば伝説化されている，Facebookの開発にまつわる経緯があるが，同じ学校にいる女子の顔写真とプロフィールを知りたいなんて，思春期の男子なら，多かれ少なかれ誰でもが思いそうなことである．それこそ世が世なら自分だってザッカーバーグのような起業家になって，大金持ちになっていたかもしれないと思ったりもする．言葉は悪いが，そんな程度のモノが，なぜここまで大きなインパクトを持ち，多くの注目を集めているのだろうか．そもそも，mixiやTwitter，Facebookに，それほど多くの共通性があるようには見えないのに，なぜ「ソーシャル」という概念で括られるのだろうか．本書は，長年のそういった疑問から出発している．

　結論を言えば，それに対する答えは，2つあるように思っている．筆者は現在，大学で情報系科目や情報社会論などを教えているが，元々企業で研究開発に携わっており，特にオブジェクト指向技術を専門としてきた．本文でも述べたように，オブジェクト指向技術は，ソーシャルグラフと親和性が非常に高い．技術そのものは，ソフトウェア工学の中で，構造化技術に次ぐモジュール技術として，1980年代に発達してきたものである．「OOA（オブジェクト指向分析）」などの方法論として明確化されていき，本文でも述べたUMLによってほぼ概念的な統一がなされたと言ってよいだろう．オブジェクト指向を簡単に言ってしまえば，データと操作規則を統合してモデル化する手法を意味する．データにはデータ源があるということを，システム開発において明確化したものである．これは，旧来のシ

ステム開発者にはなかなか持てなかった視点であり，そこに大きな新規性があった．要するに，データというモノは存在しない，存在するのはデータを保持する帳票であり，名簿であり，つまりはそれらの実体なのだという発想である．

　これは，コンピュータが現実世界と接点を持つことであって，コンピュータの可能性を大きく拡張していったと言っても過言ではない．現実世界の実体（情報源）をそのままコンピュータの世界に表現したものがオブジェクトであり，そこでは様々なモデルが検討された．オブジェクト指向設計（OOD）の例題として広く知られている，酒屋の在庫管理問題や，図書館の貸し出しシステムなど，単にデータとプログラムに留まらないシステム開発が一般化していった．しかし，この世の全てを知るお釈迦様オブジェクトやプログラミングの作法などといった例えでオブジェクト指向技術が語られるようになり，案の定，90年代の半ば頃から，オブジェクト指向を巡る状況は混沌を極めていった．

　現実世界の事物，事象を抽象化して表現するという意味では，オブジェクト指向技術とソーシャルグラフは，同じ方向性を持っている．それに思い至ったことで，初めてソーシャルメディアの新規性や意義が，明らかになったと言っても過言ではない．ただし，オブジェクト指向技術は，モノ（実体）で様々なデータを抽象化する方法論だったのに対して，ソーシャルグラフはモノ（人間）と関係を用いて抽象化する．実は，オブジェクト指向の世界では，「関係」をどう扱うかが，長く議論されてきた．当時の重要な学術ネットワークであったJUNET内にあったソフトウェア工学系のフォーラムで，「関係はオブジェクトか」が長く議論されていたのを覚えている．結局，1997年にジェームズ・ランボーらオブジェクト指向の論客らによって提起されたUMLなどでも，関係そのものは明示的なオブジェクトではなく，本文でも述べたように，クラス階層など，オブジェクト間の繋がりとして暗黙に記述されることになった．ソーシャルグラフでは，関係そのものも重要な要素として明示的に記述される．これは，システムを開発する側の観点として，オブジェクト指向以上のインパクトを持っているのは明らかである．

さらにその上で，システムの価値は，システムそのものではなく，システムが扱うデータにあるという点を指摘する．例えば，我々にとって，ワードのプログラムよりも，ワードを用いて作成した文書の方がはるかに重要である．ワードの存在意義は，文書データを作成，編集するといった点に存在すると言って過言ではない．端的に言えば，ソーシャルメディアは，ワードやエクセルなどのアプリケーションと同じように，システムそのものではなく，そのシステムによって扱われるデータに価値がある．

　おそらくソーシャルメディアとその意義は，システムだけを見ていても理解できないのではないだろうか．近年，ソーシャルメディアに関する書籍が多く刊行されてきているが，その多くがFacebookやTwitterなど特定のシステムの解説本である．もちろんそれらにも意義があるが，各々のシステムに共通する「ソーシャル」の実態を知っておく必要もあると思っている．

　実はソーシャルグラフについて纏めるのは，予想以上に大変な作業だった．情報系の知見やグラフ理論，複雑ネットワークだけではなく，社会ネットワーク分析やマーケティング，さらにはイノベータ理論，社会心理学，人工知能，経営戦略など，様々な領域が関わってくる．さらには，標準化動向など，技術のトレンドなどをも考慮する必要がある．執筆を始めた時には，8億人強と言われていたFacebookのユーザ数が，書き終えた今は，既に9億100万人になったと発表された．

　その意味では，本書は若干散漫な印象があるかもしれない．しかしこれは，一つの問題提起だと思ってほしい．ソーシャルグラフに纏わるできる限りの素材を整理してみたつもりである．それは，Facebook社のモットーとされている「完璧を目指すよりまず終わらせろ（Done is better than perfect）」に従ったまでである．

　本書は，ソーシャル系のシステムで起業を目指している，成城大学経済学部の神山泰祐君との議論を，元々の切っ掛けにしている．敢えて神山君に指摘をするが，世界はもう一人のザッカーバーグを必要とはしていない．ただ彼らが作り上げたモノには大きな価値があるし，それを利用して新しいモノを創り上げることが僕らの仕事なのではないだろうか．直感と感性

だけでは，できることは少ない．人々に必要なのは，もっともっと基礎から考えていくことだと思う．神山君を始め，ザッカーバーグには決してなれない，明日のザッカーバーグ諸君に，本書を贈ります．

なお本書を書くにあたり，最初の読者として，貴重な意見を頂戴いたしました，東京工業大学の坂田淳一先生，株式会社ビーコミの加藤恭子氏，日本ヒューレットパッカード株式会社の杉浦園枝氏に感謝申し上げます．さらに，北海道大学の吉田哲也先生，成城大学の境新一先生，十文字学園女子大学の長田瑞恵先生には，ご専門の観点から様々なご教示をいただきました．併せてお礼申し上げます．先端社会科学技術研究所株式会社の斉藤悠美子氏には，データの収集や作成などのご協力をいただきました．また，「クノールカップスープ」のパッケージ写真の使用を，快くお認め頂いた味の素株式会社にも感謝申し上げます．

最後に，編集を担当してくださった塩浦暲氏に，心からお礼を申し上げます．

文　献

本書の執筆にあたり，参考にした文献等を，分野毎に示す．

【コミュニティ】
ゲマインシャフトとゲゼルシャフト —— 純粋社会学の基本概念（上・下），フェルディナンド・テンニエス，杉之原寿一 訳，岩波書店，1957
コミュニティ論 —— 地域社会と住民運動，倉沢進，放送大学，1998
フェルディナンド・テンニエス —— ゲマインシャフトとゲゼルシャフト，吉田浩，東信堂，2003

【グラフ理論他】
グラフ理論，一森哲男，共立出版，2002
離散数学「数え上げ理論」——「おみやげの配り方」から「Nクイーン問題」まで，野崎昭弘，講談社，2008
Graph Drawing: Algorithms for the Visualization of Graphs, Ioannis G. Tollis et al., Prentice Hall, 1998

【社会ネットワーク】
ネットワーク分析 —— 何が行為を決定するか，安田雪，新曜社，1997
転職 —— ネットワークとキャリアの研究，マーク・グラノヴェター，渡辺深 訳，ミネルヴァ書房，1998
競争の社会的構造 —— 構造的空隙の理論，ロナルド・バート，安田雪 訳，新曜社，2006
社会ネットワーク分析の発展，リントン・クラーク・フリーマン，辻竜平 訳，NTT出版，2007
社会ネットワークのリサーチ・メソッド ——「つながり」を調査する，平松闊 他，ミネルヴァ書房，2010
つながり —— 社会的ネットワークの驚くべき力，ニコラス・クリスタキス，ジェイムズ・H・ファウラー，鬼澤忍 訳，講談社，2010
Communicating and Organizing, Richard V. Farace, Addison-Wesley, 1976

【複雑ネットワーク】
人生を変える80対20の法則，リチャード・コッチ，仁平和夫 訳，阪急コミュニケーションズ，1998
新ネットワーク思考 —— 世界のしくみを読み解く，アルバート＝ラズロ・バラバシ，青木薫訳，NHK出版，2002
スモールワールド・ネットワーク —— 世界を知るための新科学的思考法，ダンカン・ワ

ッツ, 友知政樹 他訳, 2004
SYNC, スティーヴン・ストロガッツ, 長尾力 他訳, 早川書房, 2005
複雑な世界, 単純な法則 —— ネットワーク科学の最前線, マーク・ブキャナン, 阪本芳久 訳, 草思社, 2005
歴史は「べき乗則」で動く —— 種の絶滅から戦争までを読み解く複雑系科学, マーク・ブキャナン, 水谷淳 訳, 早川書房, 2009
ランダムグラフダイナミクス —— 確率論からみた複雑ネットワーク, リック・デュレット, 今野紀雄 他訳, 産業図書, 2011
マンガでわかる複雑ネットワーク —— 巨大ネットワークがもつ法則を科学する, 今野紀雄 他, ソフトバンククリエイティブ, 2011
偶然の科学, ダンカン・ワッツ, 青木創 訳, 早川書房, 2012

【ソーシャルメディア全般】
インターネットは民主主義の敵か, キャス・サンスティーン, 石川幸憲 訳, 毎日新聞社, 2003
グランズウェル —— ソーシャルテクノロジーによる企業戦略, シャーリーン・リー, ジョシュ・バーノフ, 伊東奈美子 訳, 翔泳社, 2008
ソーシャルシフト —— これからの企業にとって一番大切なこと, 斉藤徹, 日本経済新聞出版社, 2011
集合知の作り方・活かし方 —— 多様性とソーシャルメディアの視点から, 石川博, 共立出版, 2011
Thoughts on the Social Graph, Brad Fitzpatrick, http://bradfitz.com/social-graph-problem/

【マーケティング】
その1人が30万人を動かす！—— 影響力を味方につけるインフルエンサー・マーケティング, 本田哲也, 東洋経済新報社, 2007
『くちコミニスト』を活用せよ！—— お客さまがお客さまにススめるマーケティング, オール電化実践編, 中島正之 他, 日本電気協会新聞部, 2007
消費を見抜くマーケティング実践講座 データから仮説を導く4つの視点, 杉浦司, 翔泳社, 2010
最新マーケティング・サイエンスの基礎, 朝野熙彦, 講談社, 2010
異文化適応のマーケティング, ジャン・クロード ウズニエ 他, 小川孔輔 他訳, ピアソン桐原, 2011
最新 行動経済学入門 ——「心」で読み解く景気とビジネス, 真壁昭夫, 朝日新聞出版, 2011

【コミュニケーション】
イノベーション普及学入門, E. M. ロジャーズ, 宇野善康 訳, 産業能率大学出版部, 1981
コミュニケーションの科学 —— マルチメディア社会の基礎理論, E. M. ロジャーズ, 安田寿明 訳, 共立出版, 1992

文　献

【オブジェクト指向・UML 関係】
オブジェクト指向システム分析設計入門 ── オブジェクト指向の基礎から解説する，青木淳，ソフト・リサーチ・センター，1993
オブジェクト指向実用講座，春木良且，インプレス，1995
UML ユーザガイド第 2 版，グラディ・ブーチ 他，越智典子 訳，ピアソン桐原，2010

【API】
Twitter・Facebook・YouTube・Ustream ──"ソーシャル"なサイト構築のための Web API コーディング，MdN 編集部，MdN，2011
ソーシャルアプリ・プログラミング，マーク・ホーカー，大貫宏美 他訳，ソフトバンククリエイティブ，2011

【ディジタルセルフ関連・その他】
デジタルセルフ研究 ── 自己の理解を目指して，村上晴美，The 16th Annual Conference of Japanese Society for Artificial Intelligence, 2002
幼児における自称詞の使用 ── 心的用語の使用および自分と他者についての属性記述内容との関連，長田瑞恵，日本教育心理学会総会，2010
The Digital Self: Through the Looking Glass of Telecopresent Others, Shanyang Zhao, *Symbolic Interaction*, Vol. 28, No. 3（Summer 2005），pp. 387-405

索　引

■アルファベット

AdChoices　115
API（Application Programming Interface）　8
BA モデル　54
ER モデル　45
Is-a 関係　83
LPO（Landing Page Optimization）　106
Part-of 関係　83
SEO（Search Engine Optimization）　106
SMO（Social Media Optimization）　105
UML（Unified Modeling Language）　84
Web2.0　28
Wikipedia　120

■あ　行

アーク（Arc）　12
イノベーション（innovation）　99
インタレストグラフ（Interest Graph）　74
インフォメーション・カスケード　73
インフルエンサー　97
エルデシュ・レイニーモデル（ER モデル）　45

■か　行

概念マッピング（Concept Maps）　83
外部性（Externality）　34
空グラフ（Null Graph）　40
関係構造図　85
完全グラフ（Complete Graph）　39
木（Tree）　17
強調フィルタリング（Collaborative Filtering）　110
クラスター（Cluster）　39
グラフ（Graph）　12
グラフ API　76
グラフ図（Graph Diagram）　16
群衆の知恵（Wisdom of Crowds）　118

構造的空隙（Structural Hole）　40
行動ターゲティング広告（Behavioral Targeting AD）　115
個人情報　152
コミュニティ　3
コールドスタート問題（Cold Start Problem）　22
コンテンツフィルタリング（Contents Filtering）　110

■さ　行

サイコグラフィック変数　6
サイバーカスケード　74
サーチエンジン最適化・SEO（Search Engine Optimization）　106
次数（Degree）　38
社会的ネットワーク（Social Network）　13
収穫逓増（Law on Increasing Returns）　34,36
集合知　116
集団的知性（Collective Intelligence）　118
準拠集団（Reference Group）　48
情報爆発（Information Explosion）　139
情報フィルタリング　120
スケールフリー（Scale-Free）性　52
スモールワールド性　46
切断点（Cut Point）　43
セレンディピティ（Serendipity）　107
ソー活　142
属性関係図　72
ソーシャル・ディジタルセルフ　141
ソーシャルフィルタリング（Social Filtering）　120
ソーシャルプラットホーム　28
ソーシャルリサーチ（Social Research）　93

163

■た 行

紐帯（Tie） 13
超個体（Super Organism） 117
ディジタルセルフ（Digital Self） 140
デモグラフィック変数 6
統一モデリング言語・UML（Unified Modeling Language） 83-84

■な 行

ネットワーク分析（Network Analysis） 13
ノード（Node） 12

■は 行

バスケット分析（Marketing Basket Analysis） 109
ハブ（Hub） 38
ハブインフルエンサー 98
バラバシ＝アルバートモデル（BAモデル） 54
ファネル 100
複雑ネットワーク（Complex Network） 57
部分グラフ（Subgraph） 18
ブリッジ（Bridge） 49
ブリッジインフルエンサー 98
べき分布 50
ページランク（PageRank） 102

■ま 行

マッシュアップ（Mash Up） 30
みんなの意見は案外正しい 117
モジュール（Module） 26
モデル 10

■や 行

優先的選択（Preferential Attachment） 54,101
弱い紐帯の強さ（The Strength of Weak Ties） 54

■ら 行

ライフログ（Lifelog） 141
ランダムグラフ（Random Graph） 45
ランディングページ最適化・LPO（Landing Page Optimization） 106
リスニング・傾聴（Listening） 93
量質転化の法則（Quality from Quantity） 135
レコメンダシステム（Recommender System） 106
六次の繋がり（Six Degrees of Separation） 46

著者紹介

春木良且（はるき　よしかつ）
東京大学工学系研究科博士課程単位取得期間満了退学（先端学際工学専攻）．現在，フェリス女学院大学国際交流学部教授．専門は，ソフトウェア工学，経営情報システム，技術と社会の接点に関心がある．著書に『オブジェクト指向実用講座』（インプレス），『情報って何だろう』（岩波ジュニア新書），『人を動かす情報術』（ちくま新書）などがある．

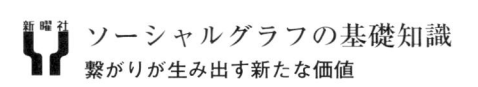

ソーシャルグラフの基礎知識
繋がりが生み出す新たな価値

初版第1刷発行　2012年7月25日

　著　者　春木良且
　発行者　塩浦　暲
　発行所　株式会社 新曜社
　　　　　〒101-0051 東京都千代田区神田神保町2‐10
　　　　　電話(03)3264-4973(代)・Fax(03)3239-2958
　　　　　E-mail: info@shin-yo-sha.co.jp
　　　　　URL http://www.shin-yo-sha.co.jp/
　印刷所　銀河
　製本所　イマヰ製本所

© Yoshikatsu Haruki, 2012　Printed in Japan
ISBN978-4-7885-1298-6　C1036

新曜社の関連書

ワードマップ　パーソナルネットワーク 人のつながりがもたらすもの	安田　雪	四六判296頁 本体2400円
ワードマップ　ネットワーク分析 何が行為を決定するか	安田　雪	四六判256頁 本体2200円
実践ネットワーク分析 関係を解く理論と技法	安田　雪	A5判200頁 本体2400円
競争の社会的構造 構造的空隙の理論	R.S.バート 安田　雪訳	A5判336頁 本体4600円
ワードマップ　プログラム評価 対人・コミュニティ援助の質を高めるために	安田節之	四六判264頁 本体2400円
ワードマップ　ゲーム理論 人間と社会の複雑な関係を解く	佐藤嘉倫	四六判196頁 本体1800円
キーコンセプト　ソーシャルリサーチ	G.ペイン／J.ペイン 髙坂健次ほか訳	A5判292頁 本体2700円
メディアオーディエンスとは何か	K.ロス・V.ナイチンゲール 児島和人ほか訳	A5判296頁 本体3500円
メディアの現在形	香内三郎・山本武利・ 小玉美意子ほか	A5判362頁 本体2900円
存在論的メディア論 ハイデガーとヴィリリオ	和田伸一郎	四六判352頁 本体3200円
本を生みだす力 学術出版の組織アイデンティティ	佐藤郁哉・芳賀学・ 山田真茂留	A5判584頁 本体4800円
言語力 認知と意味の心理学	藤澤伸介	四六判298頁 本体2400円
行動を起こし，持続する力 モチベーションの心理学	外山美樹	四六判240頁 本体2300円

＊表示価格は消費税を含みません。